Petra Krivy & Angelika Lanzerath

Mein Hund im Flegelalter

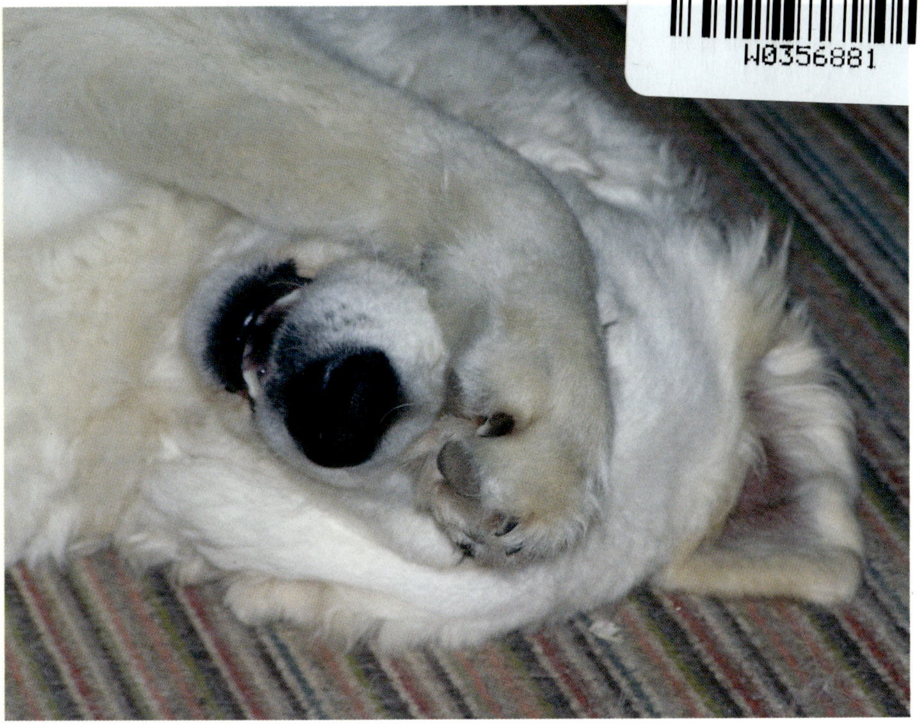

Müller Rüschlikon

Impressum

Reihengestaltung: Petra Pawletko
Einbandgestaltung: Kornelia Erlewein

Titelbild: Tierfotoagentur, www.tierfotoagentur.de

Bildnachweis: Heike Berse / pixelio.de: S. 87; Marcus Brauer: S. 56; Christine Braune / pixelio.de: S. 3, 24, 85; Ilse Dunkel / pixelio.de: S. 58; Hermann Durch: S. 91; Florian Erb: S. 16, 61, 63, 95; Melanie Fischer: S. 95; Martina Goslar / pixelio.de: S. 15, 40; Ulrike Karow / pixelio.de: S. 20; Dieter Kaye: S. 5, 9, 52; Sassi Korte / pixelio.de: S. 4, 39; Petra Krivy: S. 6, 7, 12, 18, 49, 53; Angelika Lanzerath: S. 1, 4, 18, 22, 26, 28, 31, 32, 35, 43, 63, 64, 83, 90; Barbara Mielewczyk: S. 10, 33; Brigitte Müller: S. 6, 8, 13, 21, 70, 72, 74, 84, 88, 89; Griseldis Münch: S. 43, 69, 89; niefee / pixelio.de: S. 76; Hartmut Paulus: S. 93; Oliver Pohl: S. 3, 10, 14, 17, 25, 29, 30, 36, 41, 44, 45, 46, 47, 48, 50, 51, 55, 57, 60, 62, 65, 67, 68, 71, 75, 76, 77, 78, 79, 81, 82, 86, 92; Thomas R. / pixelio.de: S. 54; Helmut J. Salzer / pixelio.de: S. 4, 66; Stehie / pixelio.de: S. 23; Anita Stöwesand / pixelio.de: S. 37, 80; Sylvi / pixelio.de: S. 52; Annette Thomée: S. 19, 59; Jan Tornack / pixelio.de: S. 73; Melanie Uhlemann / pixelio.de: S. 27; Virbac Tierarzneimittel GmbH: S. 38

Bilder im Kolumnentitel: Beate Schwarz, http://fotografie.com-werkstatt

Die in diesem Buch enthaltenen Hinweise und Ratschläge beruhen auf jahrelang gemachten Erfahrungen und gesammelten Erkenntnissen in praktischer und theoretischer Arbeit mit Hunden. Alle Angaben wurden gründlich geprüft. Eine Haftung der Autorinnen oder des Verlages und seiner Beauftragten für Personen-, Tier-, Sach- und Vermögensschäden ist ausgeschlossen.

ISBN 978-3-275-01810-9

Postfach 103743, 70032 Stuttgart
Ein Unternehmen der Paul Pietsch Verlage GmbH & Co. KG
Lizenznehmer der Bucheli Verlags AG, Baarerstr. 43, CH-6304 Zug
1. Auflage 2011

Sie finden uns im Internet unter **www.mueller-rueschlikon-verlag.de**

Lektorat: Claudia König
Innengestaltung: Petra Pawletko
Druck und Bindung: Graspo CZ, 76302 Zlin
Printed in Czech Republic

Inhalt

Einleitung:
Ein »Flegelbuch« – warum?

Richtig stimmig sind die Proportionen bei großwüchsigen Hunden in der Jugendzeit selten – hier zu hoch, da zu niedrig, lange Gliedmaßen, steile Winkel.

Aus unserem niedlichen Welpen ist nun schon ein fast fünf Monate alter Racker geworden. Die kurzen, dicken Stempelbeinchen haben sich zu unproportionierten Stelzen verwachsen, aus dem tapsigen Gang wurden raumgreifende Sprünge und athletische Sätze. Groß ist er geworden, wenn auch etwas »schief« in der Ansicht: vorne leicht niedriger als hinten, mit einer Rückenlänge, die nicht so ganz zur Körperhöhe passt, alles in allem zur Zeit etwas unharmonisch. Auch die Zähne sind mittlerweile fast alle strahlend weiß und kräftig vorhanden, nur ein paar Backenzähne lassen noch auf sich warten. Zweifelsohne: Aus dem »Baby« der letzten Wochen entwickelt sich ein Junghund!

Und erzieherisch konnte schon Etliches geleistet werden, worauf wir unheimlich stolz sind. Der Vierbeiner kommt, wenn man ihn ruft. Er freut sich, bei uns zu sein und uns zu begleiten. Auffallend und bereitwillig hält er immer wieder Blickkontakt oder sucht ihn, wenn er mal ein paar Meter weiter von uns weggeht. Er macht »Sitz« und »Platz« und geht auch gut und locker an der Leine. Im Haus kennt er seine Grenzen, und die aufgestellten Regeln befolgt er im Großen und Ganzen recht zuverlässig. Toll! So einfach hatte man sich die Hundeerziehung eigentlich gar nicht vorgestellt, und vor allem hätte man nie vermutet, dass es so schnell geht. Offenbar ist man ein Hundeerziehungs-Naturtalent mit einem hyperintelligenten Fellknäuel, also das Non-plus-ultra-Dreamteam!
Aber warum lächeln erfahrene Hundehalter nur so süffisant und kontern unsere begeisterten Berichte über den super gehorchenden Kleinen mit einem leicht ironischen: »Noch!«?

War das Leben mit dem Vierbeiner in der Welpenzeit zwar anstrengend, doch ansonsten recht unbelastet, so wird der Besitzer eines jugendlichen »Flegels« nun vor neue Anforderungen gestellt.

Jugendzeit = Entdeckerzeit – auch auf Kosten des Gehorsams.

Doch es dauert nicht lange, und der Hundehalter beginnt zu verstehen. Je nach Hundetyp und -persönlichkeit fängt ab ungefähr dem fünften bis sechsten Monat das Dilemma an, das als »Pubertät« bekannt ist und schon manch einen Menschen an den Rand des Nervenzusammenbruchs geführt hat. Dabei ist es egal, ob das pubertierende Lebewesen nun grad der Sprössling der Familie ist oder eben der heranreifende Vierbeiner, wobei in beiden Fällen der Tatbestand der »Reife« noch weit entfernt ist.

Das Fellknäuel beginnt, sich auf Spaziergängen im Freilauf deutlich weiter vom Menschen zu entfernen als zur Welpenzeit. Er verschwindet unter Umständen auch schon einmal ein paar Sekunden (bis Minuten!), wenn er die Spur eines Rehs aufnimmt und dieser Verlockung begeistert folgt. Oder er setzt zu einem beglückenden Spurt hinter einem aufgescheuchten Hasen her, in Ermangelung desselben tut es auch ein Jogger, ein Radfahrer, ein Auto oder Motorrad, um sich dann – vielleicht! – nach kurzer Zeit umzudrehen und zum Besitzer zurückzueilen. Dieser ist völlig überrascht über das zuvor noch nie gezeigte Verhalten seiner Fellnase, misst ihm aber nicht so viel Bedeutung bei, weil – er kommt ja nach gewisser Zeit immer wieder zurück.

Natürlich lebt der Vierbeiner im Haus bei seiner Familie. Besuch wurde bis zum heutigen Zeitpunkt freundlich, manchmal auch zu überschwänglich begrüßt. Eigentlich sollte der Hund ja später einmal aufpassen und Haus samt Familie beschützen. Offenbar hat man sich dafür den falschen Hund angeschafft, so die resignierte Überlegung angesichts der stürmischen Begeisterung beim Kontakt mit Freund und Unbekanntem. Aber plötzlich wird

gebellt, wenn es an der Türe schellt. Hurra, doch ein Wachhund! Wird der Besucher jetzt hereingelassen, erfolgt keine freudige Begrüßung mehr, stattdessen ertönt ein tiefes, doch recht bedrohlich klingendes Knurren. Na endlich! Glück gehabt, der Vierbeiner passt doch auf! Dem Besuch werden vom Hausherrn Benimmregeln angewiesen, damit er nun weiß, wie er sich dem Hund gegenüber korrekt zu verhalten hat. Kurz wird erklärt, dass Bello nun aufpasst und man sich deshalb als Mensch anders verhalten müsse: Nicht ansehen, nicht ansprechen, sich langsam bewegen, stehenbleiben, wenn der Hund schnuppernd die Kleidung und den Körper inspiziert. Sitzt man dann in trauter Runde zusammen, ist bitte kurz anzumelden, wenn man sich erheben möchte, um zur Toilette zu gehen. Man darf die Fellnase ja schließlich nicht verärgern! So meint man zumindest ...
Eigentlich scheint also alles in Ordnung und bestens zu verlaufen. Oder etwa nicht?

Die Umwelt wird zunehmend spannender und hält so viele Abenteuer bereit ...

Nun ja, die Leinenführigkeit klappt nicht mehr so gut, wie sie eigentlich schon war. Dafür reagiert der Hund aber auf das »Sitz« nach wie vor prima. Nur das Kommando »Platz« wird plötzlich deutlich zögernder oder auch überhaupt nicht mehr ausgeführt. Aber bestimmt hat der Hund gerade einen schlechten Tag, es ist auf dem Boden zu kalt, zu feucht, zu unbequem oder er hat Muskelkater ...
Für alles, was nicht »funktioniert« – ein schlimmes Wort in Bezug auf die Hundeerziehung! – wird eine Erklärung oder, besser gesagt, eine Entschuldigung gesucht – und zumeist gefunden.
Dieser Prozess, dem der Hundehalter völlig ratlos gegenübersteht, dauert oft mehrere Monate an, bevor der Zweibeiner endlich Hilfe in einer kompetenten Hundeschule sucht. Dort wird ihm dann ausführlich erklärt, dass sein Fellkumpel in der pubertären Phase seiner Entwicklung steckt, und dass das renitente Verhalten für alle Hunde der Welt in dieser Zeit als normal bezeichnet werden kann. Herzlich willkommen im Klub ...

1 Auf zu neuen Ufern ...

Es ist heutzutage ja geradezu verpönt, Mensch und Hund miteinander zu vergleichen. An den Stellen, an denen Mensch und Hund gleichgesetzt werden und Hundeverhalten nach menschlichen Verstandesaspekten bewertet und beurteilt wird, ist Kritik und Ablehnung berechtigt und erst recht ist eine bis zur Perversion betriebene Vermenschlichung des Vierbeiners abzulehnen. Doch in Bezug auf biologische Gegebenheiten und biochemische Prozesse muss verstanden werden, dass Mensch wie Hund allesamt Säugetiere und Analogien somit selbstverständlich vorhanden sind. So ist es bei der Entwicklung unserer menschlichen Kinder durchaus üblich und richtig, bestimmten Altersstufen entsprechende Entwicklungsphasen zuzuordnen und zu benennen. Jeder vermag sich unter den Begriffen Säugling, Kleinkind, Vorschul- oder Grundschulkind bis hin zum Teenager ein zugehöriges Alterszeitfenster vorzustellen und entsprechende physische wie psychische Entwicklungsstufen diesen Zeitfenstern zu unterstellen. Nur beim Sozialpartner Hund scheint mancher Hundebesitzer der Meinung, sein Vierbeiner käme als Welpe zur Welt, um dann irgendwann und irgendwie und quasi ganz automatisch nach gut einem Jahr zu einem zwar jungen, aber dennoch erwachsenen Hund zu mutieren, der dann im weiteren Lebensverlauf ein älterer erwachsener und später ein alter Hund wird. Doch auch beim Vierbeiner hat jedes Lebensalter, jede Altersphase ihre Besonderheiten und Auswirkungen auf die Physis und die Psyche!

Erlauben wir uns deshalb doch einfach einmal einen kurzen tabellarischen Vergleich:

	Mensch	Hund	
Säugling	Baby im ersten Lebensjahr; Ernährung in der Regel mit Muttermilch; als sogenannter »Nesthocker« auf mütterliche Pflege und Schutz angewiesen	Welpe im ersten Lebensmonat; Ernährung in der Regel mit Muttermilch; als sogenannter »Nesthocker« auf mütterliche Pflege und Schutz angewiesen	Saugwelpe
Kleinkind	Lebensphase des 2. und 3. Lebensjahres	Lebensphase des 2. bis 4. Lebensmonats	Welpe
frühe Kindheit/ Kindergartenkind	Lebensphase des 4. und 5. Lebensjahres	5. und 6. Lebensmonat	frühe Junghundphase
mittlere Kindheit/ Grundschulkind	7. bis 10. Lebensjahr	ab ca. 7. Lebensmonat	Junghundphase/Beginn der Pubertät
späte Kindheit/ Beginn der Pubertät	11. und 12. Lebensjahr	Rasse-/Hundetypabhängig; auf jeden Fall bis mindestens 1,5. Lebensjahr	Junghundphase/Pubertät in vollem Gang!
Teenager/Pubertät im vollen Gang!	13. bis 19. Lebensjahr; gesetzliche Volljährigkeit zur Zeit ab 18	> 1,5 Lebensjahre	späte Junghundphase/Spätpubertät
Erwachsener	ab ca. 20. Lebensjahr psychisch und physisch herangereift und weitestgehend stabil; früher gesetzliche Volljährigkeit ab 21 Jahren	je nach Rasse ab 2. Lebensjahr (kleinwüchsige Hunde) bis u. U. zur Mitte des 3. Lebensjahrs dauernd (große bis sehr großwüchsige Hunde)	Erwachsener

Aus Welpe wird Junghund

Eine konkret, nach Monat, Tag und Uhrzeit festgelegte Eingrenzung für den Schritt vom Welpen zum Junghund ist nicht möglich! Viele frühere Entwicklungsmodelle bedienten sich klar definierter Zeitmuster, die so aber keine Gültigkeit haben (können!).

»Es gibt diverse Einteilungskriterien für die Jugendentwicklung von Haushunden, die alle mit dem Fehler der willkürlichen Abgrenzung bestimmter Zeitabschnitte behaftet sind: Entwicklung ist kontinuierliche Veränderung, gekennzeichnet durch das zunehmende Auftreten von Verhaltensweisen und deren Heranreifen in einem ständigen Wechselspiel zwischen genetischen und umweltbedingten Faktoren, und das, was in einem Entwicklungsabschnitt geschieht, ist niemals unabhängig von dem, was vorher geschah und wird das beeinflussen, was folgt.« (Feddersen-Petersen, 2004) Noch prägnanter drückt es David McFarland aus: »Die Individualentwicklung vom Embryo zum Erwachsenen bedeutet eine kontinuierliche Wechselwirkung zwischen der genetischen Ausstattung eines Tieres und seiner Umwelt. Im Verlaufe dieser Interaktion ist jede einzelne Entwicklungsphase die unerlässliche Vorstufe für die nächste – ein Prozess, der Epigenese genannt wird.« (McFarland, 1999)

Jeder Hundetyp ist anders und jeder einzelne Hund ist ein Individuum. Diese Tatsachen wirken sich nicht nur auf das individuelle Verhalten aus, sondern auch auf die individuelle Entwicklung. Auch hier finden sich wieder Parallelen zum »Säugetier Mensch«.

Kleinhunde sind in ihrer physischen Entwicklung viel schneller fertig und entsprechen vom Phänotyp schon früh dem erwachsenen Hund.

Gerade Hundetypen mit rundem Kopf entsprechen lange Zeit dem »Kindchenschema«.

Der Übergang vom Welpen zum Jungspund wird von verschiedenen Umständen mit beeinflusst, auch von der späteren Körpergröße, die im erwachsenen Alter erreicht wird. Großwüchsige Vierbeiner sind wesentlich später im Junghundestadium als kleinwüchsige. So ist es durchaus möglich, dass ein Leonberger von 4,5 Monaten noch überwiegend Verhaltensweisen eines Welpen zeigt, sein mit ihm tobender Dackelkumpel aber schon die hormonellen Höhen und Tiefen eines Junghundes durchlebt.

In der körperlichen Entwicklung verändern sich die großen Fellnasen im Aussehen schneller und deutlicher. Waren sie als Welpe noch kompakt und knuddelig mit kurzen Beinen und dickem, rundem Kopf, so scheinen die Beine plötzlich ins Endlose zu wachsen. Der Po ist womöglich 5 cm höher als die Schultern. Der Kopf wird lang und länger, die Ohren auch ...
Es sieht so aus, als gehöre das vordere Ende nicht mehr zum hinteren, und die Bewegungen erinnern eher an eine Schlenkerpuppe als an den elegant sich bewegenden und sportlich trabenden Hund, den man sich erträumt hat. Langhaarige Rassen beginnen nun ihr Welpenfell »abzulegen«, und auf dem Rücken erscheint ein Hauch von Erwachsenemfell gleich einem Rallyestreifen. Der plüschige Welpenkopf verändert zu sich einem kürzer behaarten Junghundgesicht mit üppigerem Rest von Babyhaar rund herum. Manchmal hört man für diese Entwicklungsphase den Begriff des »Affenkopfes«, denn ein bisschen erinnern manche Hunde dann an einen Pavian.
Da haben es die Halter von Kleinhunden besser. Hier geht das Wachstum schnell und fließend in das Aussehen des fertigen, erwachsenen Hundes über. Die Welpen-Knuddel-Ausseh-Phase ist bei ihnen deutlich kürzer. So kann man z.B. beim Dackel oder Westi schon fast mit fünf Monaten den körperlich voll entwickelten Vierbeiner bestaunen.

Am Ende der Welpenphase und in der frühen Junghundphase verlieren die Fellknäuel dann auch – meist ohne Komplikationen – ihre Milchzähne. In den Hundeschulgruppen mit den älteren Welpen herrscht häufig pure Aufregung unter den Hundehaltern, weil ihre vielgeliebten Kleinen blutbesudelt durch die Gegend toben. Sofort wird hektisch nach großen Verletzungen Ausschau gehalten, die zu den Blutungen geführt haben könnten. Natürlich wird nichts gefunden, und der Gruppenleiter kann die Zweibeiner beruhigen, weil mit größter Wahrscheinlichkeit mal wieder ein Milchzahn im Fell des Kumpels hängen geblieben ist und die entstandene Wunde nun eben etwas harmlos blutet. Kein Grund zur Aufregung! Ansonsten sind die Vierbeiner wie immer: fröhlich, toben ausgelassen, im Alltag orientieren sie sich an ihren Menschen, finden alle anderen Hunde und Zweibeiner toll. Nur selten erlebt man hier und da auch einmal einen »Wuffel«, der mit der Zahnung leichte Probleme zu haben scheint, kleinere Unpässlichkeiten an den Tag legt oder vielleicht auch aufgrund wunder Kiefer sein hartes Trockenfutter verweigert.

Erhöhte Sensitivität in der Fremdelphase

Solange unser kleiner Vierbeiner bei uns ist, und das sind nun ja schon einige Monate, haben wir uns darüber gefreut, wie aufgeschlossen – ja, oft schon euphorisch! – er auf Menschen zugegangen ist. Gestreichelt zu werden, schien er sehr zu genießen, sprang vor Begeisterung an den Zweibeinern hoch, so dass wir große Mühe hatten, ihn in seinem Überschwang zu bremsen und ihm mehr oder weniger erfolgreich beizubringen, dass das Anspringen nicht erwünscht ist. Auch wenn der Fremde sich beim Knuddeln mal über den Hund beugte, einen Hut auf dem Kopf hatte oder vielleicht einen Stock in der Hand, es war kein Problem. Voraussetzung für dieses freundliche, offene Verhalten ist natürlich eine gut genutzte Welpenzeit in der Phase bis zur ca. zehnten Woche.

Beim Freilauf mussten wir immer gut aufpassen, wenn uns Menschen – bekannte wie wildfremde – begegneten, denn dann gab es für unsere Fellnase kein Halten mehr. Freudestrahlend lief er zu dem Zweibeiner hin, sprang ihn (mal wieder) an und bekam, weil ein Welpe ja soooo süß ist, auch prompt seine Streicheleinheit verbunden mit vielen, netten, einschmeichelnden Worten. Der Kleine lief sogar mit fremden Menschen mit, nur weil sie in herzlich empfangen hatten.

Man hat sich zwar hin und wieder über dieses Verhalten des jungen Hundes geärgert, aber im Grunde war man ja froh, dass der eigene Fellkumpel so freundlich Kontakt zum Menschen aufnahm. Schließlich möchte man ja selber keinen aggressiven Hund haben, der Leute angreift und vielleicht sogar beißt.

Eine gut genutzte Welpenzeit eröffnet den Weg zu sozial-freundlichem, offenem Umweltverhalten.

Freundliches und aufgeschlossenes Verhalten zu Menschen allen Typs, vermag sich in der Jugendzeit durchaus zu verändern.

Also war man der festen Überzeugung, einen für immer und ewig netten Hund an der Seite zu haben, dessen freundliches Verhalten – natürlich auch für immer und ewig! – gefestigt wäre.

Eigentlich ist alles wie immer – oder vielleicht doch nicht? Im Umgang mit dem Hund erlebt man plötzlich Situationen, die irgendwie neu und bisher so nicht bekannt sind. Auf die eine oder andere Weise erscheint der nun schon fünf Monate oder etwas ältere Hund schreckhafter, manchmal auch etwas nervös. Eines Tages begegnet man dann auf einem Spaziergang einem Menschen, der für unseren Hund offenbar ausgesprochen gruselig auszusehen scheint. Der freilaufende Vierbeiner stoppt seinen Lauf aus vollem Galopp, die Rute senkt sich ab, und der Junghund knurrt oder bellt (oder beides) in Richtung des Spaziergängers. Als Besitzer ist man in dieser Situation völlig überrascht und versucht heraus zu finden, was denn Ursache für das bisher nicht gekannte Verhalten sein könnte. Sicher hat der Zweibeiner besonders komisch geschaut und eine merkwürdige Mütze hat er ja auch auf dem Kopf. Vielleicht mag der keine Hunde und bestimmt hat unser schlauer Kleiner das sofort gemerkt. Das schnell vor die Hundenase gehaltene Leckerchen erzielt keine Wirkung und wird vielleicht sogar komplett ignoriert. Zu unheimlich scheint die Begegnung zu sein.

Wir gehen weiter und wundern uns, dass uns unser Gefährte nicht folgt. Alles Locken, Rufen, ja vielleicht auch Schimpfen nützt nichts. Schließlich gehen wir doch zurück, leinen den immer noch brummenden Kumpel an und wollen weitergehen. Natürlich erklären wir beim Anleinen noch, dass das doch der Herr Schneider ist, der unserem Lumpi immer die guten Leckerchen gegeben hat. Aber das scheint den Hund überhaupt nicht zu interessieren: Nichts scheint mehr zu gehen! Die Beine sind in den Boden gerammt und festbetoniert, keine Pfote wird vor die andere gesetzt. Als hätte er Medusa persönlich gesehen!

Ist uns der »geisterhafte« Spaziergänger nun auch noch näher gekommen, so kann es passieren, dass unser Hund versucht, mit einem Satz zur Seite dem Kontakt zu entgehen. Haben wir ihn wieder abgeleint und sind weiter gegangen, so wird er in einem großen Bogen um die »Gefahr« herumlaufen, um uns zu folgen. An seiner Körpersprache sieht man die totale Verunsicherung in dieser Situation. Wir sind der festen Überzeugung, dass er heute keinen guten Tag und für sein gezeigtes Verhalten einen guten Grund hat, weil ... – oder dass er an diesem Tag einfach nur »spinnt« oder schlecht geschlafen hat.

Plötzlich ist da etwas »Unheimliches« – und nichts geht mehr.

Als Welpe noch neugierig, wagemutig und »tough«, als Junghund plötzlich übervorsichtig bis »schissig« – nicht anormal, sondern biologisch erklärbar.

In den kommenden Tagen und Wochen wird dieses Verhalten aber häufig zu beobachten sein.

Zu allem Überfluss bleibt es nicht beim Fremdeln vor Menschen alleine. Alle Alltagsgeräusche waren dem Welpen bekannt, und er reagierte absolut cool! Aber was ist jetzt los? Beim Spaziergang durch die heimische Straße bellt er plötzlich die Nachbarn an, sträubt das Nackenfell und will nicht an der zur Abfuhr bereitgestellten Mülltonne vorbei. Beine in den Boden stemmen, weglaufen wollen, knurren und nur (wenn überhaupt) gaaaaaaanz vorsichtiges Annähern an das gar fürchterliche Objekt. Bei Oma Frieda mag er von ein auf den anderen Tag nicht mehr über die Terrasse ins Haus gehen und bockt vor der Eingangstür. Im Café, wo er immer brav neben dem Tisch gelegen hat, knurrt er plötzlich alles an, was sich rund um den Tisch bewegt oder auf diesen zugeht. Und an der Straße will er womöglich jedes Auto anspringen, jedem Fahrzeug hinterherhechten. Die Hilflosigkeit des Hundehalters

Herdenschutzhunden werden viele Eigenschaften unterstellt, und so heißt es nicht selten bei dem ein oder anderen Verhalten: Die sind so! Doch auch Herdenschutzhunde sind zuerst einmal Hunde, derartige Aussagen häufig Auswuchs von Unwissenheit, falscher Information oder einfach nur Bequemlichkeit.

nimmt immer mehr zu, was soll er denn nun machen mit dem offensichtlich total verhaltensgestörten Hund? Oh je, der Hund wird verrückt! Keine Bange, er wird es nicht!
Leider wird von selbst ernannten Fachleuten dieses merkwürdige Verhalten oft der einen oder anderen bestimmten Rasse zugeordnet und argumentiert: Ja, das hätten sie bei Anschaffung eines solchen Hundes wissen müssen, diese Rasse/dieser Typ ist halt so ...

Die erhöhte Sensitivität ist in diesem Alter normal, stammesgeschichtlich begründet und biologisch gesteuert. Wird ein Wolfs- oder Wildhund-Welpe in der freien Natur noch weitestgehend von älteren Rudelmitgliedern umsorgt und beschützt und hält sich im Wesentlichen im sicheren Kerngebiet des Heimatreviers auf, so vergrößert sich sein Aktions- und Erlebnisradius ab etwa dem 5. Lebensmonat, also beim Übergang in den Junghundstatus, deutlich. Er beginnt, das Rudel auf den Streifzügen zu begleiten und kommt somit auch in weiter abgelegene, bislang unbekannte Gebiete und Regionen. Was ihn hier erwartet, kann er (noch) nicht abschätzen, so macht es Sinn, lieber etwas mehr Vorsicht walten zu lassen. Begegnungen könnten gefährlich sein, andere Lebewesen gar feindliche Absichten haben. Man weiß es nicht ...

Unsicherheiten machen sich im Alltag vielschichtig bemerkbar. Hier entdeckt die kleine Hündin »Trudi« plötzlich einen im Weg stehenden Einkaufswagen, der sie massiv beeindruckt. Für nichts auf der Welt will sie hieran vorbei, und solang die Leine reicht, strebt sie davon. Frauchen hätte ihr in dieser Situation helfen können, indem sie die Distanz zum »fürchterlichen Etwas« noch mehr vergrößert hätte.

Im Wirbelsturm der Hormone

»Soziale Beziehungen werden in dieser Lebensphase neuen Prüfungen und Bewertungen unterzogen. Grenzen werden nochmals neu getestet, alte Beziehungen werden auf den Prüfstand gestellt, und sowohl soziale Erfahrungen als auch Umwelterfahrungen werden sozusagen auf ihre weitere Gültigkeit auch im Leben eines erwachsenen Hundes getestet. Dies kann nicht erfolgen, ohne dass man auch Dinge, die man bereits gelernt und als Handlungsanweisung akzeptiert hat, nun nochmals in Frage stellt und ausprobiert. Die Frage, ob das noch gilt, was man in der Welpen- und Junghundzeit nahezu selbstverständlich akzeptiert hat, drängt sich auf. Beide Phänomene, das Überprüfen des bisher Gelernten, wie auch die Unsicherheit, haben ihre biologische Bedeutung.« (Gansloßer/Krivy, 2011)

Im Zeitraum der Pubertät, die, je nach Rasse/Typ unterschiedlich, durchaus mehrere Jahre andauern kann, führen veränderte Konzentrationen von diversen Hormonen zu einem brisanten »Cocktail« im Gehirn. Die Sexualhormone und auch einige Stresshormone, sowie das Schilddrüsenhormon steigen an, sind aber alle insgesamt noch unausgewogen und instabil. Bestehende neuronale Verbindungen werden gelöst, Zellen und Verknüpfungen werden abgebaut und später durch andere, schnellere und leistungsfähigere Verbindungsstrecken ersetzt. Das gesamte Gehirn gleicht einer Art Baustelle, man könnte sagen, dass aus der Kinderstube von einst nun ein Jugendzimmer gebaut wird, in welchem aber auch bereits etliche Elemente einer erwachsenen Wohnlandschaft angelegt werden müssen. Hier hängen noch

nicht vollständig entfernte Tapeten von der Wand, dort ist bereits eine Decke neu gestrichen, Eimer stehen noch im Weg und direkte Zugänge sind noch verbaut. Alles in allem ein Chaos! Man kann sich vorstellen, wie ungünstig sich eine Kastration zu diesem Zeitpunkt auf den Jungspund auswirken muss. Ein Leben lang »Chaos im Kopf«, denn durch die Kastration kann eben keine Weiterentwicklung des Gehirns stattfinden.

Liegt der Beginn dieser »Bauphase« bei allen Hunden noch einigermaßen gleich um das Ende des 4. Lebensmonats herum, so kann sich die Fertigstellung, wenn wir bei dem Bild der Baustelle bleiben mögen, bei Spätentwicklern durchaus bis ins 3. Lebensjahr oder noch länger hinziehen. »Eine Faustregel könnte vielleicht sein, dass ein Hund, egal welchen Geschlechts, erst dann einigermaßen aus dem »Gröbsten heraus« ist, wenn bei Hündinnen dieser Rasse die 3. Läufigkeit mit anschließender Scheinschwangerschaft und Scheinmutterschaft zu Ende ist. Rüden und Hündinnen entwickeln sich nämlich geistig und verhaltensbiologisch durchaus in ähnlicher Geschwindigkeit.« (Gansloßer/Krivy, 2011)

Die genannten Umbaumaßnahmen im Gehirn sind aus verhaltensbiologischer Sicht für die Zukunft des Tieres durchaus angepasst und sinnvoll. Informationen, Wissen, Können und Fähigkeiten aus der Welpenzeit werden überprüft. Was jetzt keine Gültigkeit mehr besitzt, wird abgebaut und vergessen. »Weil aber die neuen Verknüpfungen oft erst aufgebaut werden, nachdem die alten gelockert sind, sind buchstäblich eine lange Leitung, ein verzögertes Verständnis, ein gestörtes Erinnerungsvermögen und anderes Verhalten in dieser Zeit zu erwarten und auch nachweisbar.« (Gansloßer/Krivy, 2011)

Konfrontationen mit Artgenossen sind in der Jugendzeit nicht mehr ganz so einfach wie noch kurze Zeit vorher im Welpenalter. Verschiedene Reaktionen des Gegenübers führen zu veränderten Reaktion bei sich selbst. Deutlich ist zu sehen, dass die veränderten Körperhaltungen mal bei dem Kuvasz, mal bei dem Leonberger zu leichten Verunsicherungen führen.

Renitent und nervtötend – der Hunde-Teenager

Jeder, der mit pubertierenden menschlichen Teenagern zu tun hat, kann seine eigenen Erfahrungen zur Problematik dieses Lebensabschnittes beitragen. Eine anstrengende, nervraubende Zeitspanne für alle Beteiligten. Die freie Enzyklopädie Wikipedia führt aus: »Der Begriff »Teenager« stammt aus dem Englischen und bezeichnete dort ursprünglich einen Menschen, der zwischen 13 (thirteen) und 19 (nineteen) Jahren alt ist. Die Zahlen 13 bis 19 enden im Englischen auf »teen«. Der Begriff wurde etwa ab Mitte der 1930er Jahre in den USA gebraucht und setzte sich Mitte der 1940er Jahre dort endgültig durch. Nach dem Zweiten Weltkrieg setzte der Begriff sich binnen kurzer Zeit auch in Europa und, bedingt durch die US-amerikanische Besatzung, besonders schnell in Westdeutschland durch. (...) Mädchen dieses Alters wurden umgangssprachlich bis in die 1950er Jahre mit dem heute als veraltet geltenden Begriff Backfisch bezeichnet. Männliche Jugendliche, die durch Imponiergehabe auffielen oder Ansätze zu kriminellem Verhalten zeigten, nannte man bis in die frühen 1970er Jahre hinein im westlichen Deutschland Halbstarke. Klischeehaft werden Teenager (...) als quirlig und emotional labil dargestellt, was wohl auf Probleme der Pubertät anspielen soll.« Kommt uns da nicht ein Schmunzeln aufs Gesicht?

Jugendliche Rüden neigen zur Selbstdarstellung und zum körperbetonten Raufen, wie auch bei menschlichen Teenagern nicht selten.

Soziales Lernen in der Begegnung mit Anderen ist eine der Hauptunterrichtseinheiten der Jugendzeit.

Wenn auch die Zuordnung zu einem Altersrahmen von 13 – 19 Jahren beim Hund nicht zutrifft, so zeigen sich dennoch deutlich und eindeutig vergleichsweise Auswirkungen und Parallelen der Pubertät bei Menschenkindern und bei jungen Hunden! Problemen mit Halbstarkengebaren, Imponiergehabe, emotionaler Labilität und zickigen Aussetzern begegnen wir beim Vierbeiner ebenso wie partieller Schwerhörigkeit, die sich in Ungehorsam widerspiegelt. »Ähnlich wie bei pubertierenden Jugendlichen unserer eigenen Art, kommen zu diesen Schwankungen des Statusverhaltens und zu der erhöhten Bereitschaft, Beziehungen in Frage zu stellen, noch einige andere Randerscheinungen des Verhaltens dazu. So wird durch eine Veränderung der Reaktionsfähigkeit verschiedener Teile des emotionalen Gehirns die Risikobereitschaft in der Pubertät erhöht. Biologisch gesehen hat dies auch Sinn, denn nur wer risikobereit ist, wird beispielsweise auch die bekannte Umgebung der Familie und des Reviers verlassen und sich in die unbekannte und möglicherweise gefährliche ferne Fremde wagen. Wer aber mit erhöhter Risikobereitschaft ausgestattet ist, wird auch Auseinandersetzungen heftiger führen, ohne Rücksicht auf Verletzungen oder andere Gefahren. Zudem sind durch die Umkonstruktionen des Gehirns während der Pubertät Lern- und Merkvorgänge erschwert, der Zugriff auf bereits gelerntes Wissen ist ebenso erschwert und die Konzentration nimmt ab. Auch soziales Lernen ist sicherlich von diesen Erscheinungen mit betroffen. Und das bedeutet, dass zwar einerseits in dieser Zeit soziale Regeln und Grenzen besonders wichtig sind, wenn sie aber nicht sofort kapiert werden, es eben nicht immer Aufsässigkeit oder »Dominanzstreben« ist, sondern oft die sprichwörtlich »längere Leitung« sein kann!« (Gansloßer/Krivy, 2011)

2 Pubertät, Zeit der erwachenden Sexualität

Es ist unmöglich, den Beginn der Pubertät in der Junghundentwicklungsphase auf Tag und Stunde genau zu bestimmen, so lässt sich nicht sagen: Vorsicht – am 3. Sonntag zur Mittagszeit im 7. Lebensmonat geht es los! Die gesamten Reifungsprozesse, die Geschwindigkeit der biologischen Entwicklungsschritte und die Auswirkungen der Hormonveränderungen variieren extrem in Abhängigkeit von Rasse, Größe und Individualität des jeweiligen Hundes. Grundsätzlich sind kleinwüchsige Hunderassen und -typen »frühreifer«, großwüchsige in allem später. Es wurde bereits darauf hingewiesen, dass sich der Entwicklungsprozess der körperlichen und psychischen Reife bei manchen Hunden bis ins 4. Lebensjahr hineinzieht!

Ich werde wer – bei der Hündin

Bei Hündinnen geht die sexuelle Reife gut sichtbar mit der ersten Läufigkeit »Hand in Pfote«. Wann dies ist, ist sehr unterschiedlich. Grundsätzlich ist ein Einsetzen der ersten Läufigkeit zwischen dem 7.–18. Lebensmonat im Bereich des Normalen. Eine Junghündin, die auch nach dem 18. Lebensmonat noch nicht läufig geworden ist, sollte zur Abklärung einer eventuellen Erkrankung dem Tierarzt vorgestellt werden. Nicht nur hormonphysiologische Vorgänge beeinflussen das Einsetzen der Läufigkeit, sondern auch psychische. So kann bei extremer psychischer Belastung, wie sie manchmal bei Tierschutzhunden festzustellen ist, die Läufigkeit ausbleiben.

Schon Wochen vor der Läufigkeit, und das besonders vor der ersten, vermittelt die »junge Dame« den Eindruck, etwas »neben der Spur« zu laufen und »durch den Wind« zu sein. Die einen wirken deutlich mehr in sich gekehrt, werden auffallend ruhiger bis träger, anhänglicher und verschmuster. Die anderen wiederum werden eher hyperaktiv, reagieren gereizt und nervös, mutieren zum Alltagstyrann. Bei Spaziergängen fällt auf, dass deutlich häufiger Urin abgesetzt wird, oft regelrecht markiert an Stellen, die offenbar von äußerstem Interesse und großer Bedeutung sind. Manch´ Hundebesitzer ist dann derart verunsichert, dass er eine Blaseninfektion vermutet, doch im

Junghündinnen kurz vor der ersten Läufigkeit mutieren gern von jetzt auf gleich vom Mega-Schmuser zur Ultra-Zicke.

Haus besteht kein vermehrter Harndrang, und bei eventuell erfolgter tierärztlicher Untersuchung zeigen sich auch keinerlei pathologische Anzeichen.

Der bereits gut beherrschte Grundgehorsam wird gern weitestgehend vergessen und auch das Gehör scheint in dieser Zeit massiv beeinträchtigt! Durch die Ausführungen der Verhaltensbiologie wissen wir, dass diese »Begleiterscheinungen« nicht grundsätzlich als willentliche, bewusste Kontra-Aktionen zu werten sind, sondern das Gehirn in dieser Phase oft einfach anderweitig beschäftigt ist. Deshalb sind – wie so oft – Ruhe und Konsequenz die Zauberworte dieser Phase. Mit ruhiger Konsequenz und konsequenter Ruhe ist die bald läufig werdende oder läufig gewordene Teenagerhündin anzuleiten und durch den Alltag zu führen. Dabei können die veränderten Hormonkonzentrationen (Sexual-, aber auch Stresshormone und andere!) zu verstärkten Unsicherheiten und/oder Aggressionen führen, denen adäquat begegnet werden muss. Unangemessene Härte, Druck oder womöglich rohe Gewaltanwendung bringen in dieser sensiblen wie sensitiven Zeit gar nichts, wobei Gewalt und Ungeduld grundsätzlich keine Daseinsberechtigung in der Hundeerziehung haben. Doch auch eine pauschale »Heiteitei-Verständis-für-Alles«-Haltung führen weder Mensch noch Hund, erst recht nicht die Mensch-Hund-Beziehung, auch nur eine Pfotenlänge voran.

Ist die Hündin sichtbar in die Läufigkeit gekommen, leckt sich häufig und ausgiebig an der Scheide, verliert die ersten Blutstropfen,

Wer vermutet Flausen und Faxen hinter diesem Blick?

so gehört sie im Alltag an die Leine! Mit fortschreitender Läufigkeit nimmt auch bei der Hündin die Ambition zu, sich einen potentiellen Paarungspartner zu suchen, was auch bei weiblichen Tieren zum Streunern führen kann. Ist der optimale Paarungszeitpunkt gekommen, der nicht grundsätzlich zwischen dem 11. und 13. Läufigkeitstag liegt, wie leider bis heute in vielen Veröffentlichungen zu lesen ist, sondern von Hündin zu Hündin variiert und vom 5. bis zum 20. Läufigkeitstag möglich ist, bietet sich die Hündin einem ihr attraktiven Partner bisweilen sehr aufdringlich an. Deshalb ist von Freilauf dringend abzuraten, auch von der Konfrontation mit anderen Hunden an der Leine. Fremde Hündinnen werden unter Umständen recht massiv angegangen bis attackiert, Rüden mit allen Verführungskünsten bedacht. Und eine ungewollte Deckung ist oft schneller erfolgt, als man denkt, und einmal zusammenhängende Hunde (das Hängen ist Bestandteil des erfolgten Deckaktes) lassen sich nicht trennen, auch nicht von dem häufig propagierten Eimer Wasser! Und schon bei der ersten Läufigkeit ist ein erfolgreicher Deckakt mit zu erwartendem Nachwuchs möglich!

Manche Hündinnen reagieren äußerst unfreundlich auf an ihnen interessierten Rüden, andere sind deutlich verunsichert bis verängstigt.

Achtung:

Zwar selten, aber möglich: Es kann passieren, dass Rüden großes Interesse an der Hündin zeigen, alle Anzeichen dafür geben, dass die Dame läufig ist und sie sogar decken wollen. Blutiger Ausfluss war jedoch weder im Vorfeld, noch jetzt zu sehen. Es kann sich um eine sogenannte »Weiße Läufigkeit« handeln, die ohne eigentliches Bluten verläuft, in der die Hündin aber befruchtet werden kann. Gehen Sie bei Unsicherheit besser zum Tierarzt und lassen von diesem die Situation abklären.

Achtung:

Es kommt vor, dass Hündinnen sich in der Läufigkeit durch das vermehrte Harnabsetzen in regelrechte Spasmen urinieren und in der Folge eine Blasenentzündung bekommen! Das passiert zumeist in der Hälfte der Läufigkeitszeit. Wenn Sie bei Ihrer Hündin bemerken, dass der Harndrang ansteigt und ständig der Wunsch gezeigt wird, vor die Tür zu kommen, wo die Hündin alle 2 Meter versucht Wasser abzusetzen und sich womöglich nur mit gekrümmtem Rücken fortbewegt, Unsauberkeit plötzlich auch im Haus vorkommt und eine allgemeine Unruhe festzustellen ist, sollte dem Tierarzt eine Urinprobe eingereicht werden! Machen Sie ihn aber darauf aufmerksam, dass die Hündin sich in der Läufigkeit befindet, damit er sich nicht über das Blut im Urin wundert. Ein krampflösendes Mittel und entsprechende Medikamente werden schnell zur Linderung führen.

Ich werde wer – beim Rüden

Auch bei Rüden setzt die körperliche Reifung zu unterschiedlichen Zeitpunkten ein. Im Welpenalter ist der sichtbare Unterschied zwischen Hündin und Rüde schon dadurch nicht gegeben, dass auch die Rüden »wie ein Mädchen« urinieren, d. h., sie hocken sich mit dem gesamten Hinterteil gen Boden, statt das Bein zu heben, wie es »richtige Männer« machen. Der Zeitpunkt des Anhebens vom Bein ist gekoppelt mit der psychischen Entwicklung und mit Selbstbewusstsein. Von daher ist es verständlich, dass Züchter nicht unbedingt begeistert sind, wenn sie einen erst 8 Wochen alten Welpen in der Wurfgeschwisterschar erleben, der bereits mit völliger Selbstverständlichkeit sein Beinchen gen Himmel streckt, womöglich noch gekoppelt mit ausgiebigem Scharren und hoch erhobenem Kopf. Verantwortungsbewusste Züchter werden für diesen selbstbewussten Knirps eine weitaus erfahrenere Hand suchen (müssen), und eher unerfahrene Welpeninteressenten sollten sich von so viel zur Schau getragener »Charakterstärke« nicht beeindrucken lassen und lieber einen anderen Welpen für ihr späteres Zusammenleben auswählen. Das offensichtliche Selbstbewusstsein wird sich auch in anderen Bereichen des täglichen Miteinanders bemerkbar machen!

Das Anheben des Beins steht im Zusammenhang mit der Entwicklung des Selbstbewusstseins. Manch' akrobatische Einlage ist bis zum strammen Dreibeinstand zu beobachten.

»Hebt Ihrer schon das Bein?« ist eine Frage, die im Jungspundalter offensichtlich zu den wichtigsten überhaupt gehört. So ähnlich wie: »Ist ihr Kind schon sauber oder macht es noch in die Windeln?« Mit offensichtlichem Stolz wird das erste Beinchenheben registriert, und wenn es dann sicher ohne Probleme und Wackler funktioniert, da schwillt das Besitzerherz. Ungefähr ab dem 5./6. Monat versuchen auch die Letzten diese Position einzunehmen, mit anfangs mehr oder weniger großem Erfolg und häufig regelrecht akrobatischen Einlagen. Mit zunehmender Standfestigkeit und wachsendem Selbstbewusstsein wird das Bein dann immer höher in die Luft gestreckt und der Winkel zur Markierstelle verändert. Je höher die Marke sitzt, desto größer der zugehörige Hund. Und das muss potentiellen Konkurrenten mitgeteilt werden!

Wie bei Hündinnen, so stellen wir auch bei jugendlichen Rüden unterschiedliche Reaktionen auf die Umwelt fest. Obwohl zumeist rüpelhaftes Machogehabe überwiegt und der steigende Testosteronspiegel für übersteigertes Selbstbewusstsein bis zeitweiligen Größenwahn – vor allem bei Begegnungen mit Geschlechtsgenossen! – sorgt, sind auch bei den »Jungs« Unsicherheiten und Verun-

Aufreiten dient auch dem Spannungs- und Stressabbau, hier in einer Interaktion gezeigt, der eine wüste Renn- und Raufsequenz vorangegangen war. Ausschlaggebend für die Motivation der gezeigten Handlung ist immer die Situation davor.

sicherungen Bestandteile der Tagesordnung. Das eine wie das andere Verhalten gilt es nun besonnen in die richtigen Bahnen zu lenken.
Verstärkt sieht man bei heranwachsenden Junghunden nun auch das sogenannte Aufreiten, was bei ihnen in einen anderen Kontext gesetzt werden kann und muss, als bei spielenden Welpen. Das Aufreiten bei relativ gleichaltrigen Hunden des gleichen Geschlechts ist häufig ein Kräftemessen, kommt aber bei einander gut bekannten Hunden auch im Rahmen von Spielsequenzen vor und/oder dient dem Stressabbau.

Bei Partnern des anderen Geschlechts spielen Aspekte der Fortpflanzung vordergründig eine Rolle, vor allem dann, wenn eine Hündin sich kurz vor oder nach und erst recht in der Läufigkeit befindet. Auch hier muss betont werden, dass auch noch junge Rüden bereits erfolgreich Nachwuchs produzieren können! Das Zulassen eines solchen Deckaktes mit sehr jungen Tieren birgt aber Gesundheitsrisiken für die bislang nicht vollständig fertig entwickelten Vierbeiner!
Das Interesse am anderen Geschlecht begünstigt bei Rüden die Entstehung des Streunertums, wenn ihnen unkontrollierter Freilauf und unreglementierte Selbstverwirklichung zugestanden werden. Auch bei ihnen variieren Gehorsamswilligkeit und -fähigkeit in dieser Zeit extrem. Deshalb ist es wichtig und nötig, die täglichen Übungen, vor allem das Rückruftraining, konsequent und geduldig fortzuführen. Sinnvoll ist gerade in dieser Jugendphase, auch wegen des erwachenden Jagdverhaltens, den Junghund auf Spaziergängen mindestens an der sichernden Schleppleine zu führen.

Auch »richtiges« Aufreiten will gelernt werden, schließlich gibt es ja verschiedene Seiten an so einem Hundepartner.

»Und wann möchten Sie einen Termin zur Kastration?«

So oder so ähnlich werden leider noch immer häufig Hundebesitzer von anderen Hundebesitzern, aber – eigentlich unglaublich, aber tagtägliche Realität! – auch von ihrem Tierarzt gefragt! Dabei reichen die angeführten »Pluspunkte« von

- hygienischen Aspekten: Sie wollen doch bestimmt diese Sauerei mit der blutenden Hündin nicht in der Wohnung haben?
- über organisatorische Überlegungen: Was wollen Sie mit einer läufigen Hündin im Urlaub machen? Da nimmt Sie kein Campingplatz, kein Hotel und in der Hundepension will man auch keine läufigen Hündinnen, die alles durcheinanderbringen! Stellen Sie sich vor, Ihr Rüde bekommt im Urlaub Witterung von einer deckreifen Hundedame, er heult Ihnen tage- und nächtelang die Ohren voll, und spazierengehen können Sie dann eh mit ihm vergessen, das ist nur eine Zieherei!
- bis hin zu pseudowissenschaftlichen Aussagen: Wenn Ihr Rüde nicht zum Deckeinsatz kommt/Ihre Hündin nicht belegt werden soll, sind die Tiere unter permanentem Stress, der hochgradig ungesund ist, und Zeit ihres Lebens gefrustet. Wollen Sie das?
- oder angeblichen Tierschutzgedanken: Wenn ein Tier nicht in die Zucht soll – und Hunde gibt es ja sowieso genug und die Tierheime sind voll – ist die Kastration die einzige Möglichkeit, eine ungewollte Deckung/Trächtigkeit zu verhindern! Denken Sie an das weltweite Tierleid!
- aber auch der Argumentation mit medizinischen »Vorteilen«: Nur ein kastriertes Tier ist vor Krebsgeschwüren geschützt, und Sie wollen doch lange Freude an Ihrem Hund haben? Die Hündin wird ja scheinträchtig, nein, wie gefährlich. Das ist absolut nicht normal, und dagegen hilft nur eine schnelle Kastration.

»Ihr Hund stänkert? Dann lassen Sie ihn doch kastrieren!« So die oft gehörte Argumentation. Aber: Kastration stellt kein Allheilmittel bei Verhaltensproblemen und Erziehungsdefiziten dar!

- und den immer wieder propagierten Erziehungs- und Haltungserleichterungen: Ihr Hund gehorcht nicht? Ihr Hund zeigt sich aggressiv gegen Artgenossen? Ihr Hund streunt, jagd und wildert? Ihr Hund zieht an der Leine? Ihr Hund ist dominant? Lassen Sie ihn kastrieren und alles wird gut.

Und tatsächlich glauben viele Hundebesitzer das auch noch.

Fakt ist:

Eine Kastration ist ein schwerwiegender Eingriff, nicht rückgängig zu machen, eine »echte« Operation mit Narkose, die zugegebenermaßen beim Rüden schneller und einfacher vonstatten geht, bei der Hündin zumeist mit einem tiefen Bauchschnitt und längerer Heilungsphase einhergeht. Die endoskopische Operationsmethode ist zwar auch bei der Kastration der Hündin »im Kommen«, birgt aber auch Risiken (z.B. von Nachblutungen, aufgrund derer letztlich doch konservativ nachoperiert werden muss!). Diese OP-Methode wird noch lang nicht von jedem Tierarzt angeboten, geschweige denn beherrscht, und der Tierhalter muss sich auf die Suche nach einem wirklich kompetenten Chirurgen machen. Die Folgen von Kastrationen, die sich häufig erst viele Monate bis Jahre nach dem Eingriff einstellen, sind noch längst nicht hinreichend erforscht.

Der übermütige Mischlings-Jungspund bespringt den erwachsenen Kuvaszrüden – und erntet ein unmissverständliches Drohfixieren auf sein respektloses Verhalten. »Upps, dann lasse ich es doch vielleicht lieber!«

Aussagen, die die Kastration als »harmloses, gängiges Verfahren« betiteln, stützen sich kaum auf wissenschaftliche Erkenntnisse, da es diese im vollen Umfang (noch) gar nicht gibt.
Und wir haben ein Tierschutzgesetz, welches in § 6 eindeutig sagt: »Verboten ist das vollständige oder teilweise Amputieren von Körperteilen oder das vollständige oder teilweise Entnehmen oder Zerstören von Organen oder Geweben eines Wirbeltieres.« Zwar wird das Verbot aufgehoben, wenn »der Eingriff im Einzelfall nach tierärztlicher Indikation geboten ist oder (er) bei jagdlich zu führenden Hunden für die vorgesehene Nutzung des Tieres unerlässlich ist und tierärztliche Bedenken nicht entgegenstehen« (TSchG § 6.1.1) Bei der Fülle der Kastrationen, die in deutschen Tierarztpraxen vorgenommen werden, kann sicherlich nicht mehr von »Einzelfällen« gesprochen werden. Und tierärztliche Bedenken gegen diese Maßnahme scheint es offensichtlich landauf, landab auch nicht wirklich zu geben. Wohl aber eine hervorragende Einnahmequelle, die die Operation und die erforderliche Nachsorge samt medikamentöser Behandlung unter diffusen Notwendigkeitsargumenten wieder legitimiert bzw. zu legitimieren versucht.

Doch was bleibt ist die Tatsache, dass vom Gesetzgeber her eine Kastration nur nach medizinischer und verhaltensbiologischer Einzelfallbetrachtung erlaubt ist. »Pauschalkastrationen und Pauschalkastrationsempfehlungen stellen einen Verstoß gegen die einschlägigen Bestimmungen dar. Es gibt auch seit gut 10 Jahren eine klare Aussage im `Tierschutzbericht der Bundesregierung´ (1999, Seite 45), wonach bei einem in geordneten Familienverhältnissen gehaltenen Haushund die Kastration wohl nicht zum Zwecke der reinen Fortpflanzungskontrolle notwendig und damit erlaubt wäre.« (Gansloßer/Krivy, 2011)
Unrecht vor dem Gesetz, aber auch an dem jeweiligen Hund, begehen Hundebesitzer und Tierarzt gleichermaßen! Will oder muss der Tierhalter aber die Fortpflanzungsfähigkeit seiner Hündin auf jeden Fall unterbinden, so stellt die alleinige Entfernung der Eierstöcke und das Belassen der Gebärmutter (in der ja noch Östrogene gebildet werden, wenn auch nur in eingeschränktem Maße), eine bessere (weil »gesündere«) Maßnahme dar als eine Totaloperation.

Die Pubertät dauert sehr viel länger als die bloße Phase bis zur Erlangung der Geschlechtsreife. Und in ihr passiert sehr viel mehr, als die Ausbildung der Fortpflanzungsfähigkeit. Bindegewebe und Muskulatur entwickeln sich in den ersten zwei bis drei Jahren bis zum Zeitpunkt des effektiven Erwachsenendaseins. Das Gehirn ebenso und auch das Sozialverhalten. Eine frühzeitige Kastration, also die Entnahme der Eierstöcke (und in der Regel gleich der Gebärmutter dazu) bei der Hündin bzw. der Hoden beim männlichen Tier, verhindert den gesamten Reifungsprozess des Lebewesens und hat Auswirkungen auf den gesamten Organismus und das Verhalten! Viele Probleme werden gerade durch eine Kastration erst gemacht, nicht wenige Verhaltensauffälligkeiten sind die Folge (z.B. Verlustängste im weitesten Sinne, Wettbewerbs- und Selbstschutzaggressionen, übermäßige Ängstlichkeit, Schreckhaftigkeit, mangelnde bis völlig fehlende Konzentration, geminderte psychische Belastbarkeit u.a.), aber auch gesundheitliche Problematiken (z.B. Inkontinenz, Fettleibigkeit durch veränderte Stoffwechselprozesse, Schilddrüsenstörungen, ein häufigeres Vorkommen von Magendrehung) und Fellveränderungen (übermäßige Produktion von Unterhaar, das sogenannte »Kastratenfell«) können sich einstellen.

Eine Kastration vor, aber auch kurz nach dem Erreichen der Geschlechtsreife kann vor allem für unsichere Hunde extrem nachteilige Folgen haben. Ihr fehlendes und nicht mehr in dem vollständigen Maße aufzubauendes Selbstbewusstsein kompensieren sie nicht selten mit Angstaggression, sie werden der Möglichkeit einer Erlangung von erwachsener Souveränität regelrecht beraubt. Gansloßer sagt zusammenfassend: »Das Tier bleibt sein Leben lang jugendlich bis unkontrolliert kindsköpfig.« (Gansloßer/Krivy, 2011) Nun mag womöglich für den ein oder anderen Hundebesitzer gerade das Argument »Der Hund bleibt jugendlich« verlockend klingen, doch möchten Sie Ihren eigenen Sohn oder Ihre Tochter zeitlebens auf dem psychischen Stand eines 11 bis 14-jährigen Menschen wissen, der sich dazu noch eventuell mit den verschiedensten gesundheitlichen Beeinträchtigungen auseinanderzusetzen hat?

Frühe Kastration verhindert das Erwachsenwerden des Individuums!

Natürlich geht eine Läufigkeit bei der Hündin unter Umständen mit einigen Blutsflecken auf dem Boden einher. Erfahrungsgemäß ist es aber gerade nur die erste Läufigkeit, die zu vermehrter »Sauerei« führt. Schnell lernen die Hündinnen, sich selbst sehr sauber zu halten, lecken sich ständig die Absonderungen fort und versuchen auch heruntergefallene Tropfen zu beseitigen. Wer es darauf nicht ankommen lassen möchte, kann seiner Hündin ein sogenanntes »Schutzhöschen« in der Zeit der Läufigkeit im Haus anziehen. Diese »Hose« schützt vor Blutstropfen auf Teppichen und Auslegware, nicht aber vor einer eventuellen Belegung! Wer Rüde und läufige Hündin unbeaufsichtigt lässt, weil diese ja ein »Höschen« anhat und außerdem ja auch noch so »klein« (im Sinne von jung) ist, der darf sich 9 Wochen später unter Umständen über einen gesunden Wurf Welpen »freuen«! Mutterfreuden sind bereits ab erster Läufigkeit möglich, und es haben auch bereits erst 6 Monate alte Rüden erfolgreich den Schritt zur Vaterschaft absolviert. Und deutlich zeigt sich, was das Problem ungewollten Nachwuchses ist: Nicht die Fortpflanzungsfähigkeit der Tiere an sich, sondern die »Dusseligkeit« mancher Tierbesitzer!

Trotzdem kann es auch bei eigentlich sorgfältigem »Aufpassen« einmal zu einem ungewollten Deckakt kommen. Können Sie die Hunde nicht mehr **vor** dem »Vollzug« voneinander fernhalten, dann versuchen Sie nicht, sie zu trennen. Es kann zu bösen Verletzungen führen! Im Augenblick des sogenannten »Hängens«, der festen körperlichen Verbundenheit beider Tiere, die durch die Schwellkörper des Rüden verursacht wird, hat der eigentliche Deckakt ohnehin schon stattgefunden. Die früher durchgeführte Hormonbehandlung der Hündin am 3., 5. und 7. Tag nach der Belegung führte zu einem hohen Prozentsatz zu einer Pyometra (Gebärmuttervereiterung). Heutzutage wartet man bis zum ca. 23. Tag ab und lässt durch eine Ultraschalluntersuchung feststellen, ob die Hündin überhaupt aufgenommen hat. Wenn ja, wird ein Mittel verabreicht, welches den Körper dazu veranlasst, die Früchte zu resorbieren. Da Resorptionen in einer Trächtigkeit immer vorkommen können, ist dies ein völlig natürlicher Vorgang, der für die Hündin auch nur mit einem Minimum an Risiko verbunden ist.

Achtung:

Wer glaubt, dass Erziehungsdefizite und Haltungsfehler durch Kastration ausgemerzt werden können, der befindet sich kräftig auf dem sprichwörtlichen Holzweg!

Gerade in der Pubertät haben wir ja eine Zeitspanne, in der halt alles etwas anders ist, das Gehirn mit vielen Aufgaben ausgiebigst beschäftigt ist, wie wir eingangs bereits beschrieben haben, denken wir an unsere Baustellen-Metapher. Gerade jetzt sind Geduld, Ruhe, konsequente Anleitung, Einhaltung und Beachtung der gesetzten Grenzen und Regeln besonders wichtig und nicht einfach durch operative Maßnahmen zu ersetzen. Kastration ist weder ein Erziehungsprogramm, noch eine Verhaltenstherapie! »Während der Umbaumaßnahmen kommt es zu einer deutlich messbaren Verschlechterung der Leistungsfähigkeit. Reizleitung, Zugriff auf Erlerntes, Neuabspeicherung von neuen Lerninhalten, all dies dauert plötzlich länger oder ist situativ auch gar nicht möglich. In solchen Situationen von Dominanzverhalten, Aufsässigkeit oder gar Aggressivität auszugehen, geht völlig am Problem vorbei.« (Gansloßer/Krivy, 2011)

Auch mehr oder weniger »schnauzgreifliche« Auseinandersetzungen gehören zum Hundeleben dazu. Doch nicht jede aggressive Verhaltensweise ist auch gleichzeitig eine besorgniserregende Verhaltensauffälligkeit, die unbedingt zu »therapieren« ist.

- **Gerade in der Pubertät** kann es durchaus auch zu hypersexuellem Verhalten kommen, weil eben der Hormonhaushalt noch nicht (wieder!) im Gleichgewicht ist. Wie der einzelne Hund schließlich agiert und reagiert, wenn ein ausgereifter Hormonhaushalt vorliegt, ist erst im Stadium des Erwachsenseins zu beurteilen. Und dann muss natürlich zusätzlich gründlich analysiert werden, ob die Bestandteile der unerwünschten, auffälligen Verhaltensweisen wirklich hormonabhängig oder Indizien falscher Erziehungsleistung oder Auswirkungen von Unterbeschäftigung sind. Hierzu bedarf es in den meisten Fällen der Beurteilung durch einen kompetenten Hundetrainer oder Verhaltensberater, was ein Tierarzt nicht grundsätzlich ist und zu falschen Rückschlüssen und Ratschlägen (z.B. dem der Kastration) führen kann.
Allerdings ist das durchgewirbelte Hormonsystem des pubertierenden Jungspundes manchmal wirklich der Entwicklung des Hundes im Wege stehend. Hier für etwas Ruhe und Ausgeglichenheit zu sorgen, kann günstig sein und sich positiv auswirken. Um die richtige Entscheidung zu treffen, sollte auch in diesen Fällen ein kompetenter Ansprechpartner gesucht werden. Eine mögliche, vor allem aber in ihrer Reichweite nicht endgültige Hilfestellung könnte unter Umständen der sogenannte Kastrations-Chip sein, der ähnlich einem Mikrochip unter die Haut gesetzt wird und auf biochemischer Basis eine Kastration vorgaukelt. Die Hormonproduktion wird dabei abgesenkt bis gegen null gefahren, dieser Zustand hält 5–6 Monate an. Manchen Hunden hilft dieser Chip über die »wilde Zeit«, lässt ihn gesund heranreifen und die hormonelle Ausgewogenheit letztendlich doch herstellen. Lässt die Wirkung des Chips nach, so könnte bei Bedarf noch ein zweites Mal einer implantiert werden. Aber vielleicht wird der Hund für sich und seine Umwelt bereits dann »erträglicher«, weil er ein Stückchen weiter auf dem Weg zum Erwachsenwerden vorangeschritten ist!

Wirkungsmechanismus

Durch das Setzen des Implantates wird kein Testosteron mehr gebildet

Rüden, die nicht zu Deckeinsätzen kommen, und Hündinnen, die niemals in ihrem Leben »Mutterfreuden« erleben sollen, sind nicht automatisch dadurch gestresst und/oder frustriert! Diese Annahme entspringt rein vermenschlichtem Denken und steht im Gegensatz zu den Erfahrungen der Verhaltensforschung bei der Beobachtung freilebender Wölfe und verwilderter Haushunde. Es ist in der Natur normal, dass nicht alle fortpflanzungsfähigen Individuen auch effektiv reproduzieren. Es wird von 50–70% gesprochen, wenn

Frust zu ertragen, muss auch gelernt werden! Frust gehört zum Leben wie Erfolg und Niederlage.

die Frage gestellt wird, wie hoch der Anteil an Tieren (Wölfe, verwilderte Haushunde u. Ä.) ist, der nicht zur Fortpflanzung kommt! Trotzdem gibt es keine stressgeplagten Frustknäuel auf vier Pfoten ...

Letztlich ist es nicht die Aufgabe eines Tierarztes, ungewollte Trächtigkeiten (die durch unerwünschte Belegungen entstehen) durch Kastrationen unmöglich zu machen. Es ist die Pflicht des Hundehalters, sein Tier, Rüde oder Hündin, so zu halten, dass unerwünschte, ungeplante, unbeabsichtigte Deckakte nicht erfolgen. Das umfasst die Art der Haltung, so wie die Pflicht zur Aufsicht. Und es ist auch in der Natur durchaus normal, dass der Ranghohe entscheidet, wem wann welcher Deckakt zugestanden wird – oder eben auch nicht!

Junghund und Sexualität – was sich im Alltag ereignen kann

Schnüffeln ohne Ende

Auf den gemeinsamen Spaziergängen wird vom heranwachsenden Rüden nun intensiv geschnüffelt, die Grashalme werden abgecheckt und das Bein gehoben, als würde ein Wettbewerb stattfinden. Hier war ein bekannter Artgenosse, der womöglich Anspruch auf das eigene Revier samt zugehöriger Hündinnen stellt. Dort lief vor nicht allzu langer Zeit die fesche Lady, die offenbar bald läufig wird. Und hier passierte ein fremder Rüde, der eigentlich in dieser Gegend nichts zu suchen hat und mal gleich durch Übermarkieren informiert wird, wer zukünftig hier das Sagen haben wird und wer sich besser fern hält! Natürlich müssen Herrchen oder Frauchen dann stehen bleiben, damit der Kleine auch genug Zeit hat, »Lesen und Schreiben« zu können. Die Wahrnehmung der Umwelt mit all ihren Gerüchen ist natürlich ein biologisches Bedürfnis unserer Hunde und diesem muss selbstverständlich in einem Rahmen Rechnung getragen werden. Aber ist es notwendig, dass unser kleiner Macho sich von Grashalm zu Grashalm hangelt und dadurch immer und immer wieder die Bewegung seines Menschen einschränkt, da dieser ja stehen bleiben muss?

»Nasen-Informatik« ist ein wesentlicher Bestandteil der hundlichen Informationsübertragung, sei es direkt von Hund zu anderen Lebewesen oder mittels »Zeitung lesens« unterwegs.

Und wie zu reagieren wäre:

Hier wäre eine sinnvolle Maßnahme, den Spaziergang einfach einzuteilen:

1. Teil Hundespaziergang = Der Hund darf schnüffeln, buddeln und (fast) alles tun, was ein Hund so meint, tun zu müssen.

2. Teil Menschenspaziergang = Der Hund muss sich nach seinem Menschen richten, und der möchte mal eine Zeit lang einfach nur weitergehen können.

So kommen beide Parteien zu ihrem Recht und der Mensch ist nicht der Manipulierte, sondern der Akteur.
Gewöhnen Sie Ihren Vierbeiner direkt daran, dass er beim Stadtspaziergang nicht an Häuser oder sogar Blumenkübel zu urinieren hat. Haben Sie ihm vorher die Möglichkeit gegeben, sich ausführlich zu lösen (was bei jedem Gang in die Stadt vorher sein sollte), kann Hundi ruhig einmal eine Zeit lang neben seinem Menschen herlaufen, ohne »Zeitung lesen zu müssen«. Und das »Gelesene kommentieren«, sprich markieren, braucht er auf gar keinen Fall.

Schnüffeln zur Umwelterkundung ist ein biologisches Grundbedürfnis. Dennoch kann ein Hund lernen, dass es ihm nicht zu jeder Zeit und an jedem Ort gestattet ist. Erst recht nicht, wenn das Schnüffeln mit Markierverhalten einhergeht.

Aufreiten beim Menschen:

Ein »beliebtes« Verhalten von Junghunden, welches unbedingt unterbunden werden muss! Bedenken Sie, dass der Vierbeiner nicht unterscheidet zwischen Erwachsenen und Kindern. Reitet er bei Kindern auf, können diese zu Fall kommen und sich ernsthaft verletzen. Gleiches kann bei »instabileren« älteren und/ oder kranken und behinderten Personen passieren, vor allem dann, wenn es sich um einen mittelgroßen bis großen Hund handelt. Die Ursachen für das Aufreiten sind mannigfaltig; außer sexueller Motivation können Statusintentionen eine Rolle spielen, aber auch Unter- oder Überforderung des Hundes führen dazu. Tritt es nicht nur sporadisch, sondern regelmäßig auf, sollte man sich über die jeweilige Motivation (abgesehen von der beginnenden Pubertät) Gedanken machen. Natürlich kann auch mangelnder Respekt vor dem Menschen Ursache sein. Die Beurteilung der Mensch-Hund-Beziehung durch eine Fachperson wäre hier sicherlich von Nutzen.

Und wie zu reagieren wäre:

Da das Verhalten des Aufreitens beim Menschen nicht zu tolerieren ist, muss ein Verhaltensabbruch erzielt werden. Dieser erfolgt entweder – und am besten – bereits im Ansatz mit einem energischen Tabuwort (»Nein«, »Lass das«, »Pfui« u. Ä.). Ist der Vierbeiner aber schon »in action«, also schon aufgeritten, und hält das Bein oder den Arm fest umklammert, so packen Sie ihn und holen ihn herunter. Bitte seien Sie hier energisch und denken Sie an die Kinder oder zaghaften Personen, die nicht die Möglichkeit haben, sich gegen den ungestümen Jungspund zu wehren!
Im Laufe des Übens, wenn es denn von Seiten des Menschen aus deutlich genug unterbunden wurde, genügt meist dann schon das Tabuwort, um das ungewünschte Verhalten zu unterbinden. Wie immer in der Hundeerziehung, ist es auch hier wichtig, erwünschtes Verhalten zu belohnen, wenn es auch zuerst nur über einen kürzeren Zeitraum gezeigt wird.

SIE wird von ihm bedrängt:

Bisher gab es keine großen Schwierigkeiten bei Begegnungen mit anderen Hunden. Die Kleine war ja in der Welpengruppe und besucht nun regelmäßig die Junghundeschule. Aber irgendwie scheint die Lütte in der letzten Zeit anders zu riechen, denn die Kontakte mit Rüden gestalten sich für die kleine Fellnase äußerst stressig. Kommt so ein potenter, erwachsener Galan in ihre Nähe, so erfolgt nach kurzem Beschnuppern das Umklammern und Aufreiten. Völlig hilflos zwischen den Beinen des kräftigen Vierbeinermanns eingeklemmt, versucht sie sich herauszuwinden, was ihr aber aufgrund der körperlichen Überlegenheit des anderen natürlich nicht gelingen kann. Leicht steigert sich die Wehrlosigkeit in dieser Situation in augenscheinliche Angst bis Panik der jungen Hündin, womöglich gekoppelt mit Abwehrversuchen von Knurren bis Schnappen. Die zaghafte Bitte des Besitzers, man möge doch bitte den Rüden am gezeigten Tun hindern, wird nicht selten mit einem breiten Grinsen beantwortet (gerade dann, wenn der Rüde in Begleitung von Herrchen ist, der stolz auf

Aufreiten untereinander kommt auch bei Hunden vor und wird entsprechend kommentiert und, wenn nötig, korrigiert. Aufreiten beim Mensch darf nie geduldet werden.

seinen »tollen Kerl« und dessen Aktion blickt). Oder dem Hündinnenbesitzer wird der Satz: »Sie könnte sich ja wehren, wenn es ihr keinen Spaß macht!« entgegengebracht. (Typisches menschliches Denken!)

Es gibt sogar die Rüdenbesitzer, die der festen Meinung und Überzeugung sind, sie mit ihrem Rüden hätten alle Rechte dieser Welt, und ein Besitzer von einer läufigen Hündin dürfe sich überhaupt nicht im Alltag in der öffentlichen Umwelt bewegen. Da kommt es sogar zu massiven Anfeindungen und derbem Wortaustausch auf der Straße, denn die »bösen« läufigen Hündinnen machen den »armen« Rüden ja das Leben schwer, sind Schuld daran, dass Rex, Hasso, Pluto und Co. nicht mehr fressen, nächtelang »weinen« und im Umkreis von 5 km einer gut riechenden Hündin nicht mehr vom Besitzer ansprechbar sind. Freilauf gestaltet sich auch noch schwierig, denn zu gern wandelt der Vierbeiner dann plötzlich auf Freiersfüßen seiner eigenen Wege! Und alles nur wegen Bella, Mia, Lilly usw.

Und wie zu reagieren wäre:

Wie bereits ausgeführt, ist es durchaus normal, dass Rüden sich mit der Anwesenheit läufiger Hündinnen auseinanderzusetzen und auch den Frust zu ertragen lernen müssen, dass sie nicht immer oder auch gar nicht zu Deckhandlungen kommen. Unter Artgenossen wird regelnd und kontrollierend vom Ranghohen eingegriffen. Diese Aufgabe erfüllt der Mensch in der Mensch-Hund-Beziehung.

Eine kleine Hündin ist schon körperlich gar nicht in der Lage, sich gegen einen viel größeren Vierbeiner zur Wehr zu setzen. Und ist es eine noch sehr junge Hündin, so verbietet es der Respekt vor dem erwachsenen Hund, sich gegen diesen aufzulehnen. Also **müssen** die Besitzer eines so bedrängten Mädels eingreifen: Packen **Sie** den ungestümen Verehrer, wenn es der Eigentümer schon nicht für nötig hält, energisch »am Kragen« und befördern Sie ihn wieder »auf den Boden der Tatsachen« zurück. Ihr sofortiges Zwischen-die-Hunde-Stellen mit Ihrer entsprechenden drohenden Körpersprache Richtung Rüde, verhindert in den meisten Fällen ein nochmaliges Bedrängen der Junghündin.

Kommt zu viel Bedrängung mit ins Spiel, dann muss der Besitzer, seinen Hund schützend, mit eingreifen.

ER bedrängt sie:

Besitzt man einen Jungrüden, der im Überschwang der Hormone sein Hobby darin sieht, auf Hündinnen »herumzuhängen«, so lässt man diesen ebenfalls nicht immer gewähren, weil das ja nun einmal die »Natur der Dinge« wäre. Manche Jungrüden agieren regelrecht besessen, völlig unabhängig, ob eine Hündin läufig ist oder nicht, und oftmals auch völlig unbeeindruckt von abwehrenden Maßnahmen der »umworbenen Dame«. Gegenwehr scheint sie erst recht anzustacheln und zu immer massiveren Bedrängungen zu verleiten.

Und wie zu reagieren wäre:

Hier ist es angeraten, den Jungspund mit sozial korrekt agierenden **erwachsenen** Hündinnen Kontakt aufnehmen zu lassen, die dem ungestümen Freier sofort und energisch die Grenzen setzen werden. Hierdurch lernt der junge Vierbeiner, erst einmal höflich nachzufragen, ob denn der von ihm angestrebte Kontakt überhaupt erwünscht ist. Rüden, die frühzeitig korrigiert werden und so weiter aufwachsen, werden selten zu den hemmungslosen, hormongesteuerten »Vergewaltigern«, die manchmal unterwegs sind.

Zwischen »Umgarnen« und »Bedrängen« gibt es Unterschiede, was die junge Retrieverdame dem Schäferhundgalan auch mitteilt.

Alles meins, denkt der Jungrüde

Natürlich ist der Jungrüde schon lange stubenrein. Drei oder vier Spaziergänge reichen ihm aus, um sich zu lösen. Nachts schläft er durch, und trotzdem finden die Besitzer eines Morgens eine Pfütze an der Zimmerpalme. Ein weiterer Rundumblick offenbart, dass noch mehr »Unfälle« passiert sind. Was ist nur los? Hat der Vierbeiner sich erkältet? Und irgendwann erwischt man ihn tatsächlich, er hebt genüsslich das Bein, um einigen, für ihn offensichtlich wichtigen Punkten in der Wohnung seinen Duft zu verleihen.

Natürlich nimmt man den Jungspund wann immer es geht mit. Besuche bei Freunden sind auch kein Problem, freundlich werden die Zweibeiner begrüßt und die Fellnase macht sich auf, die Wohnung zu durchstöbern. Keine Sorge, das hat er ja immer so gemacht. Dann kommt plötzlich der Schrei! Das liebe Hundchen hat an die Gardine gepinkelt. Mein Gott, ist das peinlich! Natürlich werden alle Schwüre geleistet, dass er das ja noch nie gemacht hat, und im Geheimen erinnern Herrchen und Frauchen sich an die gefundenen Pfützen in der eigenen Wohnung.

Szene auf dem Hundeplatz oder in der Hundeschule: Die Vierbeiner dürfen nach getaner Arbeit den so wichtigen Sozialkontakt pflegen und rennen fröhlich im Spiel durcheinander. Die Menschen nutzen die Gelegenheit zu einem kleinen Plausch und stehen in kleinen Grüppchen zusammen. Auch hier dauert es nicht lange und ein entsetzter Schrei ertönt. Einem der Hundebesitzer rinnt es warm am Bein entlang runter bis in den Schuh. Statt zu spielen, hat einer der Jungrüde sein Bein gehoben …

Und wie zu reagieren wäre:

Hormonell auf dem Wege zum Erwachsenwerden, beginnt der junge Rüde nun sein Territorium zu markieren. Natürlich kann man das nicht zulassen. Also heißt es in den kommenden Wochen und Monaten die Augen aufzuhalten und wenn irgend möglich, die Fellnase nicht alleine und unbeaufsichtigt zu lassen. Beim geringsten Ansatz des Beinhebens kommt ein energischer Verhaltensabbruch, damit das Markieren im Haus – und schon gar nicht am Bein anderer Leute! – nicht zur Gewohnheit wird.

Im Eifer der Selbstdarstellung wird auch schon mal ein Menschenbein oder ein Artgenosse »okkupiert«.

3 Pubertät, Zeit des beginnenden Jagdverhaltens

Bis zum Eintritt der Pubertät konnten sich die Hundebesitzer so gut wie sicher sein, dass der Jungspund beim Spaziergang ihre Nähe sucht, ihnen nachläuft und darauf bedacht ist, nicht den Anschluss zu verlieren. Schritt für Schritt jedoch, und ohne, dass die Zweibeiner das eigentlich so richtig bemerken, zieht er immer weitere Kreise, entfernt sich, ohne sich umzuschauen und sich zu orientieren, wo denn seine Menschen sind. Spricht man den Hundehalter auf dieses doch neue Verhalten an, dann bekommt man meist zur Antwort: »Aber er kommt doch wieder zurück, mal schneller, mal langsamer, aber irgendwann.« Das stimmt auch – noch. Auf der erweiterten Erkundungstour kommen dem Vierbeiner nun Düfte in die Nase, die er bislang noch nicht wahrgenommen hat und/oder die in der Vergangenheit sein Interesse noch nicht geweckt haben. Oder er sieht einen Vogel davonfliegen, was ihn im Unterschied zu früher nicht mehr ruhig bleiben lässt. Und, schwups, ist er auf und davon. Nun gut, es dauert nicht lange und unser Ausflügler erscheint wieder auf der Bildfläche, die Zufriedenheit über die Exkursion steht ihm im Gesicht geschrieben. Man könnte sagen: Er lacht über alle Backen.

Unkontrolliertes Streunen im Wald ist für jeden Hund ein Tabu!

Denken wir an die Ausführungen zu Beginn des Buches. Die Pubertät ist die Zeitspanne, zu deren Beginn der vorher noch ortsgebundene Jungwolf, aber auch der frei lebende Streunerhund, das wohlvertraute, sichere Kernrevier zu verlassen beginnt und die Gruppenmitglieder auf deren Jagdstreifzügen begleitet. Dazu ist einerseits Mut, andererseits Vorsicht notwendig. Mut, um das bekannte Gebiet überhaupt zu verlassen, Vorsicht, weil nicht vorhersehbar ist, welche Gefahren nun hier und da lauern, welche Konfrontationen durchstanden werden müssen. Das erklärt das wachsende Umweltinteresse und die veränderten Reaktionen auf das Umfeld, aber auch die Unsicherheiten und die erhöhte Sensibilität, der wir uns im nächsten Kapitel noch widmen werden. Zwei Seelen wohnen in des Jungspunds Brust!

Auf und davon – glückseligmachendes Laufen

Die viel gestellte Frage: »Was mache ich denn, wenn der Hund endlich zurückkommt?«, wollen wir hier noch einmal erklärend beantworten. Der Vierbeiner verknüpft Lob und Strafe mit dem Letzten, das er getan hat, und das war in diesem Fall seine Rückkehr zum Besitzer. Also verkneifen Sie sich Ihre Wut und gehen Sie zur Tagesordnung über. Ungünstig wäre es, den Hund sofort anzuleinen. Würden Sie zukünftig zurückkehren, wenn Ihnen jedesmal die Freiheit genommen würde? Also beschäftigen Sie sich kurz mit Ihrem Ausreißer und nehmen ihn erst nach einigen Minuten an die sichernde, aber die Freiheit beraubende Leine.

Rückruftraining ist wichtig in der Jugendzeit, doch nicht jedes Herankommen des Hundes sollte mit Anleinen quittiert werden.

Laufen macht glücklich, auch unsere Hunde!

Je häufiger der Vierbeiner die Möglichkeit hat, seine Freiheit in vollen Zügen unkontrolliert zu genießen und jagdlich auszuleben, um so häufiger wird er auch die Gelegenheit nutzen. Dabei ist es nicht einmal nötig, dass er wirklich einen Hasen fängt oder ein Reh reißt (was wir als Tierliebhaber natürlich auf jeden Fall verhindern müssen!), alleine das Hetzen versetzt ihn in eine Art Rauschzustand. Und dafür gibt es einen biologischen Hintergrund: Beim aktionsreichen Hinterherlaufen bis hin zum Hetzen werden mehrere neurochemische Selbstbelohnungssysteme aktiviert, nämlich das Dopaminsystem und das Noradrenalinsystem. Die als Selbstbelohnungssystem des Gehirns bezeichnete Botenstoffgruppe des Dopaminsystems »wird einerseits bei jeder rhythmischen und/oder lustbetonten Tätigkeit abgegeben, andererseits immer dann, wenn man sich selbst ein Erfolgserlebnis verschafft. Die Begleitumstände dieser Dopaminproduktion werden dann als erstrebens- und wiederholenswert mit einer positiven Stimmung im Gehirn gespeichert und bei jeder sich bietenden Gelegenheit wieder gesucht. Daraus resultiert bereits ein gewisses Suchtpotential. Noch problematischer wird diese Sache dadurch, dass Dopamin auch die chemische Vorstufe des Kampfhormons Noradrenalin ist.« (Gansloßer/Krivy, 2011)

Die bei Langstreckenläufern bereits nachgewiesenen Endorphine, die sogenannten Glücksbotenstoffe, spielen auch beim rennenden Hund vermutlich eine große Rolle. »Beide Botenstoffe, Endorphine wie Dopamin, haben einen hohen Suchtfaktor, da ihre Ausschüttung eben jeweils mit lustbetontem Erleben gekoppelt ist, und daher sehr schnell und sehr leicht auch die auslösenden Situationen immer wieder und wieder angestrebt werden. Kommt dann noch die Aktivität der anderen sogenannten Katecholamine, etwa des Noradrenalins, beim Jagen und Hetzen dazu, ist ein sehr explosiver und auf häufige Wiederholung ausgerichteter Botenstoffcocktail am wirken. Insbesondere das Noradrenalin, möglicherweise auch das Dopamin, erhöht nämlich bei jedem neuen Ausschütten dieses Botenstoffs die Handlungsbereitschaft für das betreffende Verhalten auch in der Zukunft. Bei Noradrenalin ist diese neuronale Verstärkerwirkung besonders deutlich nachgewiesen. Jedes Mal, wenn Noradrenalin ausgeschüttet wird, sinkt die Reizschwelle bzw. steigt die Handlungsbereitschaft dazu, das gleiche Verhalten in unmittelbarer Zukunft wieder zu zeigen. Gleichzeitig wird auch das betreffende Verhalten besonders gut gelernt und für die Zukunft als besonders wünschenswerte Handlungsalternative abgespeichert. Dadurch kommt ein aufwärts gerichteter Kreislauf, ein sich selbst Aufschaukeln dieses Noradrenalin (= Kampf- und Aufregungssystems) in Gang.

Sieht man dieses Bild erst einmal vor sich, dann hilft in den meisten Fällen auch kein Rückrufsignal mehr.

Irgendwo lässt sich doch bestimmt ein Auslösereiz entdecken! Man muss nur lang genug warten.

Nehmen wir dann noch die Selbstbelohnungswirkungen von Dopamin und ggf. Endorphinen dazu, ist das Suchtpotential leicht verständlich. Jedes Suchtverhalten zeichnet sich u.a. durch die sogenannte Irreversibilität aus, also die weitgehende Unfähigkeit, selbst nach längerem Entzug das betreffende Verhalten wieder auf Basiswerte zurückzuführen. Jede neue Präsentation der auslösenden Situation führt sofort wieder zu einer sehr heftigen bis übersteigerten Reaktion.« (Gansloßer/Krivy, 2011)

Um dieses Glücksgefühl erleben zu können, wird er also immer häufiger versuchen, konkret hinter etwas herzurennen oder einfach nur im Wald zu verschwinden und nach einem Auslöser zu suchen, man könnte ja etwas Passendes finden! Die fatalen Folgen der engen chemischen Verwandtschaft zwischen Dopamin und Noradrenalin führen dazu, dass eine erlebte Situation als besonders erfreulich und wiederholenswert eingeschätzt wird, »was dadurch in einem Prozess der Vorwärtsregulation auch die Vorfreude auf diese Tätigkeit steigert, sobald die auslösende Situation wieder wahrgenommen wird«. (Gansloßer/Krivy, 2011)

Diese Ausführungen betreffen übrigens nicht nur das Jagdverhalten, sondern auch jegliche Form übertriebener Beschäftigungsaktivitäten, bei welchen der jeweilige Hund übermäßig in ein gesteigertes Verhalten geführt wird. So entspannend, spaßbringend und kurzweilig für den einen Hund ein Ballspiel sein kann, so gefährlich lustbetont und aufpuschend bis hin zu ekstatischem Verhalten führend kann es für den anderen sein.

Objektspiel > für den einen eine spaßbringende Beschäftigung, für den anderen eine Aktion mit Suchtfaktor.

Nicht nur Jagdhunde jagen!

Hunde stammen nun einmal vom Wolf ab und sind Beutegreifer. Also zeigen sie auch jagdliche Verhaltensweisen, je nach Rasse und individuellem Typ mal mehr, mal weniger ausgeprägt. Letztlich muss aber bedacht werden, dass die frühere Zuchtselektion auf Gebrauchseigenschaften etwas anderes ist als die heutige Schönheitszucht. Nur bei wenigen Hunderassen steht die Arbeitsverwendung noch an erster Stelle, wird das Augenmerk hauptsächlich auf Gebrauchseigenschaften gerichtet. Daraus ergibt sich schnell eine Diskrepanz zwischen den in Rassestandards beschriebenen Verhaltensmerkmalen einer bestimmten Rasse und der Realität. Bei der Kategorie der Schoßhunde z. B. soll Jagdverhalten wenig bis gar nicht gezeigt werden, dennoch gibt es Vertreter dieser Art, die einer kleinen Hatz hinter sich bewegenden Objekten nicht abgeneigt sind. Manchmal reicht ein Schmetterling als Auslöser.

Und wer meint, er kaufe sich am besten einen Hütehund, weil der ja nur hütet und nicht jagt, der sei gewarnt! Der sogenannte »Hütetrieb« basiert auf dem Beutefangverhalten des Jagdtriebs, lediglich die letzte Sequenz – das Töten – wurde züchterisch eliminiert. Dies gilt aber eben nur für die wirklich bei den Herden arbeitenden Hunde, die auf »Nichtjagen« selektiert werden. Bei den Haus- und Familienhunden findet eine solche Selektion eben nicht mehr statt – und deshalb steht so mancher Border-Collie- oder Australian-Shepherd-Halter wartend am Waldesrand und hofft auf ein baldiges Wiedersehen mit seinem vierbeinigen Kollegen …

Auch Hütehunde können jagen! Ohne Jagdverhalten gäbe es keine Hütemotivation und letztlich auch keine Ambition zum Apportieren, denn Hüten, Jagdverhalten und Beutefangtrieb sind eng miteinander verbunden.

Jagdverhalten – unerwünschtes Übel oder nutzbare Chance?

Jagdverhalten ansich kann gar nicht »unerwünscht« sein, bildet es doch die Grundlage für viele sinnvolle Beschäftigungsmöglichkeiten. Das Problem besteht dann, wenn es unkontrolliert gezeigt und nicht in akzeptable Bahnen gelenkt wird.

Das heute so oft als »unerwünscht« bezeichnete Jagdverhalten bringt auch Vorteile: Um Ihren Jungspund gezielt und unter Kontrolle »jagen« lassen zu können, ist das Apportieren eine wunderbare Möglichkeit. Das ist schließlich nichts anderes als Jagen und Beute zu machen. Ebenfalls, wenn auch mit mehr Zeitaufwand verbunden, kann man ihm eine Fährte legen oder sich mit Mantrailing beschäftigen. Viele hoch jagdlich motivierte Hunde lassen Reh Reh sein, wenn sie sich auf ihrer Arbeitsfährte befinden und auf der Suche nach einer »vermissten« Person sind. Und Spaß macht es obendrein, der dazu den Hund geistig und körperlich mehr auslastet, als ein »schnöder« Spaziergang.

Ansonsten heißt es eben: An die Schleppleine, auch wenn die Menschen mit der Handhabung zuerst doch etwas Probleme haben. Das Spiel mit Artgenossen ist damit auch zu gefährlich (Verletzungen), sodass der Hundehalter sich dafür geeignete Gegenden aussuchen muss, damit der Sozialkontakt nicht zu kurz kommt. Den Umgang und die vielfältigen Möglichkeiten des Trainings mit der Schleppleine sollte man sich von einem Trainer erklären und zeigen lassen. Dann ist das Handling auch nicht mehr das große Problem.

Sinnvolle Tipps

Sobald ein Erweitern des Bewegungsradius´ seines Vierbeiners vom Hundebesitzer festzustellen ist, sollte konsequent darauf geachtet werden, wo sich dieser gerade aufhält und welche Richtung er einzuschlagen beabsichtigt. Vorausschauend und überlegt kann der Mensch nun die Umwelt einteilen in »erlaubte« und »unerlaubte« Bereiche. Dabei sind z. B. die Waldwege »erlaubt«, das Abzweigen in den Wald hinein aber »unerlaubt«. Da das Ausweiten der Aktionsfläche recht unauffällig und Schritt für Schritt vonstatten geht, passiert es nicht selten, dass dem Hundebesitzer der fortschreitende Entdeckergeist seines Fellknäuels erst dann wirklich bewusst wird, wenn dieser »plötzlich« 20 Meter im Wald verschwunden und kaum noch sichtbar ist. Dann ist es aber relativ schwierig, den erlaubten Bewegungsradius um Herrchen und Frauchen wieder zu reduzieren. Geht der Hund von erlaubten Wegen, also aus erlaubten Bereichen heraus, so muss er sofort mittels

Von Jugend an muss der Hund lernen, wo er sich bewegen darf und wo nicht, was für ihn erlaubte und was unerlaubte Bereiche sind.

Gezielt aufgebautes Apportiertraining wirkt dem unkontrollierten Jagen entgegen.

Stimme (z. B. schärfer und bestimmter ausgesprochenes »Nein«, »Zurück« oder »Raus«) und körpersprachlicher Aktion (z. B. Weg versperren und in den erlaubten Bereich zurückdrängen) in erlaubte Regionen zurückgeführt werden. Befindet er sich wieder »im grünen Bereich«, so erfolgt augenblicklich ein Lob, eventuell ein kurzes Spiel und/oder eine Leckerchengabe.

Vielen Junghunden wird zu viel Freiheit zugestanden und es wird argumentiert, dass der junge Hund doch seine Jugend genießen soll. Natürlich muss er Erkundungsverhalten ausleben können und seine Umwelt wahrnehmen dürfen, aber bitte kontrolliert. Diese Zugeständnisse in der Jugend bezahlen die Hunde nicht selten später mit lebenslanger Leinenführung, weil sie Rückruf oder -pfiff nicht befolgen, sich umgehend verselbstständigen, wenn sie im Freilauf sind, die Nähe zum Menschen und die Befolgung dessen Anweisungen sofort vergessen, sobald am Horizont etwas ihrer Meinung nach Interessantes oder Spannendes auftaucht. Kontrollierter Freilauf für den Jungspund bedeutet in erster Linie ein Laufen mit Schleppleine, die dem Menschen eine Zugriffsmöglichkeit bietet, trotzdem eine gewisse Distanz zulässt und dem Hund die Möglichkeit bietet, gleichzeitig entdecken und lernen zu können.

Um ein selbständiges Los- und Hinterherlaufen von Jugend an zu unterbinden, sollte auch bei Apportierspielen darauf geachtet werden, dass der Hund nicht sogleich das davonfliegende Objekt verfolgt, sondern in wartender Position verharrt, bis er die Erlaubnis zum Suchen und Bringen erhält. Und diese Erlaubnis erfolgt erst, wenn das geflogene Objekt bereits wieder ruhig am Boden liegt. So verhindert man, dass das Interesse an Bewegungsreizen unnötig angeregt wird und schlummernde »Talente« geweckt werden. Was anfangs ein Ball oder Stöckchen ist, wird später sonst unter Umständen leicht der Jogger, der Radfahrer, das Auto o. Ä.! Für manche Hunde ist auch das Training mit einer sogenannten Reizangel sinnvoll, welches aber mit einem kompetenten Hundetrainer aufgebaut werden muss, der Funktionsweise und Handhabung der Reizangel gründlich erklärt und mögliche Fehlerquellen beim Gebrauch aufzeigt.

4 Pubertät, Zeit der Hypersensibilität

An verschiedenen Stellen wurde von uns bereits darauf hingewiesen, dass die Zeit der Pubertät eine Altersphase ist, in welcher eine erhöhte Risikobereitschaft, aber auch eine verstärkte Vorsicht und gesteigerte Sensibilität feststellbar sind. Für den frei lebenden Caniden bilden diese Verhaltensmuster die Basis des Überlebenkönnens. Kopfloser Wagemut führt schnell in die Pranken und Fänge von Kontrahenten, ungezügeltes Temperament und unbesonnener Aktionismus lässt den übermütig eingeschlagenen Weg leicht in einer Klippe, einem reißenden Fluss, einer Bergspalte oder Ähnlichem enden. Wer überleben will, muss vorsichtig sein und wachsam

Oft sind die Besitzer mit plötzlich auftretenden Unsicherheiten mindestens so überfordert wie der Hund in der Situation selbst.

auf Gefahren achtend seine Sinne nutzen! Nur dumm, dass das im Alltag mit dem jugendlichen Vierbeiner-Wirbelwind zu unerwarteten Situationen führen kann, die dem Zweibeiner manche Fragezeichen auf die Stirne zaubern. Von ein auf den anderen Tag mag er bei Tante Lotti nicht mehr durch die Terrassentür nach draußen. Oder er fühlt sich zuhause plötzlich nicht mehr im Stande, die glatten Flurfliesen zu überqueren. Beim Spaziergang versetzt ihn ein gestern noch nicht da gewesener Heuballen in rege Aufruhr und er weigert sich schon etliche Meter davor strikt vorm Weitergehen. Dabei sträubt er womöglich sein gesamtes Rückenfell, duckt sich ab, bellt, winselt und blufft mit dicken Backen und/oder drückt die Rute an den Körper. Oh nein, der lebenslustige Spring-ins-Feld von gestern mutiert zum Schisser. Was ist passiert? Und was mache ich jetzt nur?

Auch die Spaziergänge mit Begegnungssituationen verlaufen nicht mehr grundsätzlich nach dem »Easy-going-Prinzip« der letzten Wochen. Artgenossen werden womöglich angeblufft, entgegenkommende Passanten auch nicht mehr freundlich registriert und zu begrüßen versucht, sondern verbellt. Ist der Hund im Freilauf, so kann es bis zu (Schein-)Attacken kommen, aber auch an der Leine sind seine Reaktionen nicht mehr sicher vorhersehbar und durchaus variabel.

Der Zweibeiner ist verunsichert und ratlos. Auch im tagtäglichen Umgang zeigen sich erstaunliche Bandbreiten an Gemütsverfassungen – da noch der halbstarke Draufgänger, im nächsten Moment das zarte Mimöschen. Erinnert doch irgendwie stark an unsere menschlichen Teenager, oder?

Pöbelei aus Unsicherheit

Auch dem Menschen fällt es schwer, in stressbelasteter Situation ruhig und gelassen zu reagieren.

Um den 5./6. Lebensmonat (abhängig von Hundetyp und Individualität!) werden sehr häufig erste Ansätze von Leinenpöbeleien gezeigt, die sich aber im Wesentlichen aus Unsicherheiten heraus entwickeln. Wird diesem Verhalten vom Besitzer mit beruhigenden Gesten und dem Versuch, das Drumherum verbal zu erklären, begegnet, fühlt der Hund sich in seinem Verhalten bestätigt. Schließlich bekommt er Beachtung, sein Mensch »kümmert« sich um ihn. Schimpfen nutzt aber auch nichts. Zum einen lässt sich Unsicherheit nicht durch Schimpfen aus der Welt schaffen, zum anderen empfindet der Hund den stimmlichen Aufwand seines Frauchens/Herrchens unter Umständen als »Mitbellen«, was für ihn die Richtigkeit seines Tuns unterstreicht. Folge: Das Verhalten wird zukünftig nicht weniger, sondern vermehrt gezeigt! Auch die Reaktion des Gegenübers spielt hierbei eine große Rolle. Zeigt sich der »angemachte« Artgenosse überrascht und überrumpelt, weicht zurück und entzieht sich der unangenehmen Konfrontation, setzt sich im Agierenden bald die Überzeugung fest, dass Angriff eben die beste Verteidigung ist. Der erste Schritt zur konditionierten Aggression, zum trainierten Gewinner! Durch die Stimmungsübertragung von Mensch auf Hund wird die Situation noch fataler, denn der Besitzer selber wird ja immer unsicherer in derartigen Situationen und vermittelt dem Hund alles andere als Souveränität, Ruhe und Gelassenheit. Die Leine funktioniert wie ein Stromkabel und leitet Impulse.

Junghund und Unsicherheit – was sich im Alltag ereignen kann

Der freilaufende Junghund reagiert diffus auf Artgenossen

Der Jungspund läuft so gut wie immer frei, da er bereits sehr gut hört. Doch schon seit längerer Zeit bellt er Kinder, Radfahrer, ältere Menschen und andere Hunde an. Kommt ein Hund entgegen, wird fixiert, die Nackenhaare stellen sich auf und es wird geknurrt und gebellt. Ein kleines Stück wird nach vorne gelaufen, doch dann bleibt er wieder stehen und wartet, bis Frauchen und Herrchen auf seiner Höhe sind. Ist das der Fall, geht es wieder ein kleines Stück bellend weiter nach vorne. Läuft nun der andere Hund auf ihn zu, macht er einen runden Rücken, zieht den Schwanz ein und rennt in Richtung der Besitzer. Oder es erfolgt eine Attacke getreu dem Motto: Angriff ist die beste Verteidigung!

Nix wie weg und zurück zu Frauchen und Herrchen, bevor die potentielle »Gefahr« zuschlägt ...

Und wie zu reagieren wäre:

Wie so häufig in der Hundeerziehung, ist es auch hier die Kunst, nicht zu warten, bis der Vierbeiner Fehler macht, um sich dann zu ärgern, sondern vorausschauend und vorbeugend zu handeln: Auf Strecken, bei denen oben erwähnte Begegnungen stattfinden könnten, gehört der Hund auf jeden Fall an die Schlepp- oder Führleine. Aus Unsicherheit heraus gezeigtes unerwünschtes Verhalten lässt sich sehr gut durch ein Alternativverhalten ersetzen: Schaut der Hund in Ihre Richtung, kann er nicht gleichzeitig den vorbeilaufenden Konkurrenten anpöbeln. Also wird ein Kommando für das Blickabwenden vom Gegenüber geübt: »Schau«, »Guck mal« oder was immer Sie wollen. Hierbei ist es nicht wichtig, dass der Vierbeiner Ihnen unbedingt in die Augen schaut. Dies gilt nämlich unter Hunden, zumindest wenn es bewusst und über einen längeren Zeitraum, also nicht eher beiläufig und situativ freundlich und nur kurzzeitig gezeigt wird, als unhöflich und wird geradezu provozierend aufgefasst. Freiwillig wird dieses »in die Augen des Menschen schauen« von nur ganz wenigen Hunden angeboten bzw. nur in sehr entspannter Situation einem sehr vertrautem Partner gegenüber »gewagt«. Meist muss man sich zum sprichwörtlichen »Affen machen« und sich z.B. ein Leckerchen vor die Stirn oder die Augen halten, um den Blick des Vierbeiners zur menschlichen Augenregion zu lenken. Man kann natürlich auch einen Futterbrocken selbst in den Mund nehmen, (Vorsicht, nicht jedes Futter schmeckt auch dem Menschen, wenn es dabei runtergeschluckt wird!), um diesen angeblich so »natürlichen« Blickkontakt herstellen zu können. Belohnen Sie den Hund, wenn er den Blick in Ihre Richtung hin und weg vom Kontrahenten wendet.

»Guck mal« ist eine gute Übung für Junghunde, um ihre Aufmerksamkeit von Reizen weg- und auf den Menschen zurückzulenken.

Außerdem gehen wir mit unserer Fellnase ein paar Schritte auf die Seite, um die Distanz zum anderen Vierbeiner zu vergrößern. Das alleine ist schon oft ausreichend, um bei unserem Begleiter keine Reaktion auszulösen.

Begegnet uns ein freilaufender Hund, der freudig (oder wie auch immer) auf unseren Jungspund losläuft, so lassen wir die Leine lang und gehen selber diesem Vierbeiner entgegen, um ihn im Notfall abwehren zu können. Ein energisches »Hau ab« mit nach vorne geneigtem Körper reicht meist schon aus, um ihn zu vertreiben. Ist die Begegnungssituation offensichtlich getragen von freundlicher Grundstimmung auf beiden Seiten, lassen Sie die Leine los, damit ihr Hund Kontakt aufnehmen kann.

Besteht die Möglichkeit, so sollte der Junghund viel Freispielkontakt mit Artgenossen genießen können.

Wichtig:

Gerade in der Zeit der Pubertät ist es wichtig, dass die Fellnase möglichst viele Kontakte mit anderen Hunden hat. Besonders positiv wirken sich da Begegnungen mit souveränen Rüden oder Hündinnen aus, die dem heranwachsenden Vierbeiner klare Grenzen setzen können.

Auch und gerade die Konfrontation mit souveränen Althunden, die gezielt Grenzen setzen und Regeln des Miteinanders vermitteln, ist sinnvoll und notwendig

Der freilaufende Junghund reagiert diffus auf Menschen

Der vierbeinige Flegel vermag gleiches Verhalten, wie oben in Bezug auf Artgenossen beschrieben, auch bei Menschen zeigen! Auch hier gilt es zu bedenken, dass die Reaktion der so angegangenen Passanten Lerneffekte für den Hund darstellen, aber eben keine guten ... Bleibt der Mensch stehen, so vermittelt er dem Hund, dass dieser in der Lage (und dem Recht!) ist, Bewegungsfreiheit zu beschränken. Spricht der Mensch den randalierenden Vierbeiner an, wird dieser weiter in die Verunsicherung gedrängt und fühlt sich verstärkt bedrängt, was heftigere Verhaltensweisen, unter Umständen auch intensivierte Attacken, nach sich ziehen wird.

Diverse Alltagssituationen lassen sich gut in der Hundeschule üben.

Und wie zu reagieren wäre:

Und wieder sind wir bei der Schleppleine. Es ist unbedingt darauf zu achten, dass Hundi eben nicht in Situationen hineinläuft, in denen er auf Grund seines Junghundealters völlig überfordert ist. **Sie** regeln seinen Alltag!
Also werden diese Situationen nicht völlig gemieden, sondern gezielt gestellt und geübt (z.B. mit Bekannten oder Freunden aus der Hundeschule), damit man auf sie vorbeitet ist und richtig reagieren kann. Sie nehmen den Vierbeiner neben sich und gehen auf die Menschen zu. Reagiert der Hund mit Unsicherheit: Stehenbleiben! Lassen Sie ihn z.B. absitzen und bitten den »Trainingsmenschen« nun in Ihre Nähe zu kommen. Dann beginnen Sie ein kurzes Gespräch, damit der Jungspund merkt, es passiert nichts Aufregendes. Der Zweibeiner sollte hierbei den Vierbeiner völlig ignorieren: kein Ansprechen, kein Anfassen, kein Anschauen.

Der angeleinte Junghund pöbelt

Der vierbeinige Hundeteenager verhält sich nun an der Leine vielleicht auch nicht mehr so, wie wir es vom Welpen gewohnt waren und uns eigentlich wünschen! Artgenossen werden angepöbelt, entgegenkommende Menschen lautstark und unter Aufbietung aller körperlichen Kräfte kommentiert!

Und wie zu reagieren wäre:

Ein energisches Anstupsen oder Anrempeln des Hundes ist unter Umständen erforderlich, damit er sich erschreckt und überhaupt erst wieder »ansprechbar« wird, wenn er sich in ein bestimmtes Verhalten bereits hineingesteigert hat. Wer dem Hund schon Abbruchsignale vermittelt hat, sollte nun in der Lage sein, auf ihn einzuwirken. Ansonsten ist es spätestens jetzt der Zeitpunkt, Abbruchsignale einzuüben, wie wir es bereits in unserem Buch »Was ein Welpe lernen muss« ausführlich beschrieben haben.

Auch für diese Situationen empfiehlt es sich, Alternativverhalten einzuüben und mit zuerst größeren Distanzabständen Begegnungen zu trainieren (siehe oben). Die Führung des Hundes über das Halti kann ebenfalls zur Entspannung des Ganzen beitragen, da der Besitzer nicht zusätzlich in Stress gerät und befürchten muss, den Hund nicht festhalten zu können. Bedenken Sie die Auswirkungen von Stimmungsübertragungen, die wir Ihnen bereits in unserem Bild mit dem Stromkabel an anderer Stelle verdeutlicht haben!

Größere Distanz zum Gegenüber erleichtert Begegnungssituationen.

Der Junghund zeigt Umweltunsicherheiten

Und wie ist es nun, wenn der Besuch des Eiscafés an der Eingangstür bereits endet, weil Filou sich weigert, den Innenraum zu betreten? Draußen Platz nehmen und die kalte Leckerei vor der Tür genießen, wo sie bei noch nicht allzu sommerlichen Temperaturen auch nicht so schnell schmilzt? Und wie kommen wir an der Mülltonne vorbei, die plötzlich wahre Panik im Vierbeiner auslöst? Und muss auf den Kauf der neuen Jeans verzichtet werden, nur weil Hundi von ein auf den anderen Tag beschlossen hat, dass glatte Böden gemeingefährlich sind und sich beharrlich weigert, im Einkaufszentrum auch nur eine Pfote vor die andere zu setzen?

Und wie zu reagieren wäre:

An »beängstigende«, den Hund verunsichernde Situationen muss er vorsichtig herangeführt werden. Jegliches »Hau-Ruck-Verfahren« mit der Meinung »Stell Dich nicht so an, da ist doch nix!« ist zu vermeiden. Unser Fellkumpan ist von der momentanen Anforderung schlicht überfordert, jeglicher Druck und Zwang würde die Überforderung nur vertiefen und seine Unsicherheit steigern und eventuell bis zur Panik ausweiten. Bei der Konfrontation mit dem Furchtauslöser muss er die Möglichkeit bekommen, wieder zurückweichen zu können. Der Kontakt darf nicht erzwungen werden! Aber man kann dem Vierbeiner die Annäherung leichter machen, z. B. durch eine Leckerchenfährte in die entsprechende Richtung. Reagiert der ansonsten durchaus am Futter interessierte Hund in der Situation aber überhaupt nicht auf die ausgelegten Schmankerl, so ist seine psychische Anspannung bereits zu hoch. Auch hier sollte zuerst mit vergrößerter Distanz geübt werden!

In Begleitung eines erwachsenen Hundes (oder der Hundegruppe) ist es zumeist leichter, Alltagssituationen zu meistern. Der Jundhund orientiert sich gerne am Althund, und gemeinsam wird den vermuteten »Gefahren« getrotzt und die Erfahrung gemacht, dass alles gar nicht so schlimm ist, wie es zuerst aussah. Auf keinen Fall darf der Hund überfordert werden. Deshalb sollte nur dann geübt werden, wenn man auch die Zeit hat, mal eine halbe Stunde nicht vorwärts zu kommen. Geduld, Geduld, Geduld ...

Mit einem »gestandenen Hundsbild« an der Seite ist vieles leichter zu durchstehen. Vorausgesetzt, der Althund reagiert souverän und gelassen.

5

Pubertät, Zeit des Größenwahns

Oftmals siegt das weiche Herz, und statt eines »Donnerwetters« erfolgt, wenn überhaupt, nur ein unterdrücktes Lachen mit einem schmunzelnd vorgebrachten: »du, du, du!«

Gerade wollte man sich noch in der festen Überzeugung, die Erziehung des Welpen sei weitestgehend und positiv abgeschlossen, die Mensch-Hund-Beziehung stimmig und alles geht jetzt einfach so leicht weiter seinen Gang, entspannt zurücklehnen, da stellt der überraschte Hundehalter fest: Der Jungspund stellt einen plötzlich vor ganz neue Herausforderungen! Er verlangt vermehrt nach der ungeteilten Aufmerksamkeit seines Zweibeiners, verhält sich zeitweise störrisch wie ein Esel, scheint partiell schwerhörig, agiert im Alltag wie »King Flutschi von der Gasanstalt« und neigt zum Tyrannisieren der gesamten Familie! Und dann, wie umgedreht, ist er im nächsten Augenblick wieder der liebste und gehorsamste Hund der Welt ... – Oh, je, wie soll man solchen Stimmungsschwankungen nur begegnen? Immer und grundsätzlich Verständnis, Ruhe und Geduld aufbringen? Oder vielleicht doch auch mal das »Donnerwetter« und eine »klare Ansage«? Letzteres kann nur mit einem eindeutigen »Ja!« beantwortet werden, aber mit der Einschränkung, dass es situativ und zeitlich korrekt erfolgen muss und vom Hund auch verstanden werden kann. Es ist ein großer Unterschied zwischen der Anleitung eines Welpen, der vieles aus ganz anderen Beweggründen macht, und der eines Junghundes, egal, ob im frühen, späten oder mittleren Pubertätsverlauf.

Häufig haben die Besitzer aber Bedenken, dass ein Maßregeln des Vierbeiners die noch relativ junge und frische Bindung nachteilig beeinflussen würde! Doch genau das Gegenteil ist der Fall. »Eine exakt terminierte und hundeverständliche Korrektur durch den Menschen schafft Berechenbarkeit und ist aktive Lernhilfe« (Krivy, 2011) zu den Regeln des Alltags. Auch Hunde korrigieren untereinander unangepasstes Verhalten in bestimmten Situationen, dulden keine Respektlosigkeit und reagieren auf Verstöße gegen den Gruppenfrieden. Sogar und gerade Mütter korrigieren ihre Welpen. Doch niemals nimmt die Bindung dadurch Schaden! Feddersen-Petersen (2004) und andere (z.B. Bloch, Coppinger) belegen eindeutig, dass negative Erfahrungen mit einem Sozialpartner, und hierbei sind selbstverständlich keine Auswüchse roher Gewalt, sondern zeitlich und situativ exakt gesetzte und hundeverständliche Korrekturmaßnahmen gemeint (!), keine negativen Folgen haben, sondern sinnvolle und notwendige Lernprozesse in Gang setzen.

Korrekturmaßnahmen sind unter Hunden völlig normal und erfolgen situativ und zeitlich exakt terminiert. Niemals leidet darunter die Beziehung, eher im Gegenteil.

Kleiner Exkurs zum Bindungsbegriff

Die Bindung an die ihm bekannte Gruppe und dem ihm vertrauten Lebensraum bedingen für das Individuum die Befähigung, Belastungen zu mindern bzw. gänzlich zu vermeiden. Verliert das Tier (im Prinzip gilt Vergleichbares für den Menschen) diesen Halt, so steigt der Stresspegel. Das körpereigene Stresssystem (Cortisol, Adrenalin, Noradrenalin u.a.) ist aber beim pubertierenden Hund (wie beim Menschen-Teenager) eh gerade etwas aus dem sprichwörtlichen Ruder gelaufen. Ausgeglichenheit ist etwas anderes in dieser Zeit, das gilt für die Psyche wie für die körperlichen Hormonvorgänge.

Laut Gansloßer (2007) »lebt (jedes Tier) nur dann in einer Beziehung oder in einer bestimmten Gruppenstruktur, wenn dieses Leben momentan mehr Vorteile oder zumindest weniger Nachteile bringt als alle anderen, momentan denkbaren und realisierbaren Alternativen. Sobald ein Tier den `Eindruck´ gewinnt, dass es in einer anderen Gruppensituation oder auch allein bessere Bedingungen vorfinden würde, wird es die Entscheidung zum Abwandern treffen.« Weiter definiert er soziale Beziehungen als ein »Geben und Nehmen«, welches »nur dann funktionieren kann, wenn wirklich auch beide über einen längeren Zeitraum hinweg einen Vorteil darin sehen«. Das bedeutet nichts anderes, als dass die einzelnen Gruppenmitglieder aus einer ihnen einen Vorteil bringenden Intention zusammenfinden und sich entsprechend arrangieren. Die Beziehung muss weitestgehend stabil sein, um individuellen Nutzen aus ihr ziehen zu können.

Hunde, die sich sporadisch auf Auslaufflächen treffen, gehen keine stabilen Beziehungen miteinander ein.

Vertrautheit und Attraktivität sind zwei wesentliche Punkte, die zur Festigung einer Beziehung beitragen, der dritte wesentliche Eckpfeiler ist der Faktor Zeit! Zeit, die gewährt werden muss, um Vertrauen aufzubauen und daraus resultierend Vertrautheit und Attraktivität zu verspüren, aber eben nicht Zeit, die sinnlos verstreichen darf und als Phase ohne Regeln, Routinen und Grenzen vergeudet wird! Wie wir bereits ausgeführt haben, gehört es zur Natur der Pubertät, dass auch Regeln und Grenzen nun einer Prüfung unterzogen werden. Das führt zwangsläufig auch zu Verunsicherungen, aber leicht auch zu Fehlinterpretationen, wenn die Einhaltung bestimmter Regeln nicht konsequent eingefordert wird. Und hier ist der Mensch gefordert, seinen Hund an dieser Lebensstation abzuholen und sicher durch diese Phase zu manövrieren, damit nicht Verunsicherung einerseits, fehlgefördertes Selbstbewusstsein andererseits den Hund in die Notwendigkeit versetzt, das sprichwörtliche Ruder für seinen weiteren Lebensweg selber »in die Pfote« zu nehmen. Je nach individuellem Typ des Hundes bilden sich klammheimlich und mehr oder weniger schnell häufig anzutreffende Verhaltensauffälligkeiten aus, die zu passiv-depressiv verstimmten Hunden ebenso führen können wie zu aktiv-hyperagilen bis aggressiven. Feddersen-Petersen konstatierte 2004, dass nur »eine beständige und möglichst konsequente Haltung Hunden gegenüber (...) ihnen soziale Sicherheit und das Wohlbefinden zu vermitteln (vermag), das zu einer verlässlichen Partnerschaft Mensch-Hund führt«.

Sozialkompetente Hunde vermögen körpersprachlich eindeutig Grenzen zu setzen. Eine Fähigkeit, die die Zweibeiner in der Mensch-Hund-Beziehung häufig erst lernen müssen.

Junghund und Größenwahn – was sich im Alltag ereignen kann

Der Junghund darf auf die Couch

Kein Problem, jedenfalls bislang. Hundi kuschelt gemütlich mit Herrchen und Frauchen herum, und Zwei- wie Vierbeiner genießen diese Situation in vollen Zügen. Wäre auch völlig in Ordnung, wenn da nicht plötzlich andere Reaktionen der Fellnase an den Tag gelegt würden!

Couch ja oder nein? Eine häufig gestellte Frage. Wird das zugestandene Privileg ausgenutzt, eingefordert und beansprucht und sogar gegen den Menschen verteidigt, so muss es dem Hund versagt werden. Diese Beiden genießen ihren Platz aber in trauter Zweisamkeit ohne Konkurrenzgerangel.

Der Vierbeiner hat leider völlig dreckige Pfoten – und das tut der guten Ledercouch so gar nicht gut. Bis jetzt war es kein Problem, das Fellknäuel davon abzuhalten, doch aufs Sofa zu springen. Aber nun vollführt Hundi, trotz Anweisung unten zu bleiben, einen beherzten Satz auf das bequeme Möbelstück. »Das hat er ja noch nie gemacht!«, eine Bemerkung, die nun sehr häufig und in verschiedenen Situationen von den Hundehaltern geäußert wird. Leicht angesäuert versucht nun der Mensch, den Vierbeiner wieder von der Couch zu lotsen. Weit gefehlt, die Fellnase zieht alle Register der List, dreht sich auf den Rücken, bellt albern, hopst runter und direkt wieder rauf mit so viel Charme, dass man sich das Lachen kaum verkneifen kann. Das Packen am Halsband und der Versuch, den Kasper von der Couch zu ziehen, schlägt ebenfalls fehl, weil der Vierbeiner sich schlaff macht und sein Gewicht um ein Zehnfaches gestiegen zu sein scheint. Eventuell kommt dann sogar der Tag (nach Hundetypen unterschiedlich), wo die Aufforderung, die Couch zu verlassen, mit einem tiefen Knurren quittiert wird. Beherzt greift der Besitzer zu und – schnapp hat die Fellnase schon in den Arm gepackt (ohne Verletzung, aber deutlich spürbar). Völlig durcheinander weicht Herrchen/Frauchen zurück. Der geliebte Vierbeiner hat gebissen! Horror!

Nein, er hat nicht gebissen, er hat hundetypisch den Zweibeinern ein sehr deutliches, aber gehemmtes Abbruchsignal gezeigt. Ursache ist

Wem gehört der Sessel?

nicht die »angeborene Aggressivität« dieses Hundes, sondern das inkonsequente Handeln in Bezug auf die geschilderte Situation. Da Herrchen und Frauchen die Ressource Couch eben nicht deutlich ihr Eigen nennen, hat der Hund das Recht, diese Ressource nun für sich zu beanspruchen – und zu verteidigen.

Nun stehen die Menschen vor ihrem im Augenblick gar nicht mehr freundlichen Hund, der sein Vorhaben, auf dem Sofa zu bleiben, unter Umständen auch noch mit einem dezenten bis deutlichen Zähnefletschen bestärkt. Anfassen und runterholen – das klappt vielleicht einmal in einem Überraschungsmoment, aber beim

zweiten Mal ist der Vierbeiner schon darauf vorbereitet, schielt nach der sich vorstreckenden Hand und ist »einsatzbereit«.
Aufgeben in dieser Situation? Eigentlich war er ja sowieso mit den Dreckspfoten schon auf der Couch und außerdem ist Leder doch gar nicht sooooo empfindlich. Der Racker zeigt eben wirkliche Intelligenz und Charakter mit seiner beharrlichen Dickköpfigkeit, und man ist auch noch stolz auf den vierbeinigen Kumpel, schließlich liebt man ihn ja auch und er soll es gut haben. Und für das Knurren und Schnappen gibt es auch Erklärungen ...
Bingo = Gewonnen hat der Hund, für den es schnell von 1:0 auf 100:0 in Alltagssituationen geht.

In Zukunft wird es immer schwieriger, das Sofa wenigsten zeitweise nach den Wünschen der Hundehalter besetzen zu können und frei zu halten.

Die Welt ist doch so interessant! Was es da alles zu entdecken gibt, und von der Bank aus ist es gleich doppelt besser zu sehen!

Und wie zu reagieren wäre:

Wie schon erwähnt, überprüft der Jungspund in dieser Lebensphase Pubertät nun noch einmal alles, was er bisher gelernt (oder auch nicht) hat, was ihm bislang möglich oder unmöglich war (vielleicht schafft man es ja jetzt mit dem gesteigerten Mut), unterzieht das »meins« und »seins« einer neuen Prüfung (weil Ressourcen plötzlich wichtig und erstrebenswert werden und Besitz mehr Status bringt) und neue Situationen werden ebenfalls ausgetestet.
Kurz erklärt, um Irritationen zu vermeiden: Die Aussage: »Entweder ein Hund darf auf die Couch oder ins Bett oder auf den Sessel oder sonst wohin oder er darf es grundsätzlich nie«, stimmt vom Grundsatz her. Aber letztlich ist der ausschlaggebende, wichtigste Aspekt der, dass der **Zeitpunkt, wann der Hund etwas darf oder nicht**, von Herrchen und/oder Frauchen völlig willkürlich bestimmt werden.
Sieht man sich mit hartnäckigem und abwehrendem Verhalten des Vierbeiners konfrontiert und besteht die Befürchtung, dass Bello, Lumpi, Hexe und Co. womöglich sogar schnappen, so ist es besser, die Leine zu holen, eine Schlaufe

zu formen und diese – Cowboy like – dem renitenten Jungspund über den Kopf zu werfen. Dann heißt es mit einem beherzten Zug nur noch »Ab da, hopp«, und runter ist er von seinem Kronprinzenplatz. Funktioniert auch das nicht, weil Hundi immer den Kopf wegdreht, so kommt Plan B zur Anwendung: Man tritt hinter die Couch und hebt sie an.
In den meisten Fällen ist dies nicht nötig, aber es ist ganz wichtig für Hundehalter, dass sie wirklich für die wichtigsten Situationen einen Plan haben und dem Hundeverhalten nicht hilflos gegenüberstehen.

Der Jungrüde und der Freilauf

Der Vierbeiner läuft selbstverständlich immer noch nach Möglichkeit frei, und der Rückruf durch Pfiff oder Kommando funktionierte bis dato auch recht gut. Nun aber reagiert die Fellnase doch leicht verzögert. Der Rückruf ertönt, der Blick zurück zum Hundehalter beweist, dass er vernommen wurde. Jedoch dreht der Jungrüde sich nochmal um, geht ein paar Schritte weiter und hebt das Bein. Unter Umständen nimmt er sich auch noch die Zeit, seine Ausscheidung weiträumig durch Scharren zu verteilen. Ist er damit fertig, dreht er sich Richtung Herrchen und kommt zurückgetrabt. Braaaav – er kommt doch zurück, er musste nur noch mal kurz Pipi machen!
Das mag so sein, aber ganz kesse Vertreter drehen sich auf Rückruf zu den Besitzern um, kommen ein paar Schritte zurück, schauen ihre Leute an, heben das Bein und scharren, um sich dann erst gemütlich in Richtung Zweibeiner zu bewegen. Kommt dieses Verhalten nur gelegentlich vor, so ist es sicherlich akzeptabel. In vielen Fällen aber wird dies zur Regel und hier sollte der Mensch reagieren.

Viele Vertreter der Terrierrassen neigen zu draufgängerischem Machogehabe. Da »klein und süß«, wird die konsequente Erziehung der selbstbewussten Kleinhunde gern auch schon einmal etwas vernachlässigt.

Und wie zu reagieren wäre:

In Verbindung mit der Schleppleine wird der Rückruf ohne »Zwischenstopp« geübt. Will der Vierbeiner das Bein heben, obwohl nach dem Rückruf sein Weg unmittelbar zu seinen Leuten führen sollte, wird durch Zug an der Leine sein Vorhaben vereitelt. Die Ankunft beim Besitzer wird selbstverständlich belohnt. Bedenken Sie bitte, dass alles, was die Hunde bisher gelernt haben, nochmal überprüft wird. Wenn Sie jetzt hier nicht einwirken, wird ihr Rüde fortan auf keinen Fall mehr den direkten Weg zu Ihnen suchen.
Wir möchten nochmal betonen, dass **selbstverständlich** dem Hund die Möglichkeit gegeben werden muss, zu schnuppern, zu markieren und seine Umwelt zu erkunden. Aber alles zu seiner Zeit ...

»Ich komme gleich, muss nur zuerst dringende Geschäfte erledigen!«

Die Junghündin und der Freilauf

Auch für die Junghündin ist die Befolgung des Rückrufsignals in der Pubertät längst keine Selbstverständlichkeit mehr. Schließlich wird man jetzt ein interessantes Mädel, dass den Burschen bald den Kopf verdrehen wird. Da macht es doch Sinn, schon einmal gründlich zu erkunden, wer so alles in der näheren Umgebung wohnt und seine Duftmarken hier mit absetzt. Außerdem hält die Welt soviel Spannendes bereit, was ausgiebig untersucht werden muss. Rennen, springen, toben – alles um ein Vielfaches lustiger als zu Herrchen oder Frauchen auf Pfiff oder Zuruf zurückzukommen und womöglich angeleint zu werden.

Und wie zu reagieren wäre:

Auch bei der Junghündin empfiehlt es sich, das gezielte Rückruftraining mit der Schleppleine zu intensivieren. Der Übungsaufbau entspricht dem beim Rüden und natürlich wird auch hier die Ankunft beim Besitzer selbstverständlich belohnt.

Schleppleine und sozio-positive Grundstimmung erleichtern das Einhalten und Durchsetzen von Anweisungen.

Tipp:

Überlegen Sie für Ihren Jungrüden und Ihre -hündin, was dem Vierbeiner besonderen Spaß bereitet: ist es ein spezielles Leckerchen oder hat er Freude an einem ausgelassenen Ballspiel. Liebt er ein exquisites Quietschi oder ist er begeistert, wenn die Frisbeescheibe fliegt. Mittels solcher extra Motivation kann ein »Supersignal« aufgebaut werden. Immer, wenn dieses Signal (ein Pfiff, der im Alltag nicht benutzt wird, oder ein besonderes Wort o. Ä.) ertönt, wird das ausgesuchte Motivationsobjekt eingesetzt. Beim Zurückkommen muss für den Hund wirklich »Partytime« sein.

Keine Sorge, Sie brauchen sich nicht auf Dauer »zum Affen« zu machen, aber für die Zeit des Lernens werfen Sie bitte Ihre Hemmungen über Bord und seien Sie mit Ihrem Jungspund fröhlich und ausgelassen und »ein bisschen gaga«.

Entspanntes Gehen an lockerer Leine ist mit dem an allem interessierten Jungspund nicht immer einfach.

Der Junghund und die Leinenführigkeit

Das Gehen an der Leine klappt nicht mehr so gut wie vorher. Der Jungspund zieht von rechts nach links, weil die Gerüche für ihn nun sehr wichtig werden – viel spannender als der »langweilige« Zweibeiner, der ihn an der Leine von allen wichtigen Dingen des Lebens abhält. Hierbei läuft er immer und immer wieder gern direkt vor seinen Leuten her, versperrt ihnen sogar gezielt den Weg und zwingt sie zum Stehenbleiben. Höflich, wie wir Menschen nun einmal häufig sind, wartet man bis der Vierbeiner vorbeigelaufen ist – man will ihn ja auch nicht aus Versehen treten! – und versucht, seinen Weg fortzusetzen ... – bis zum nächsten Mal!

Und wie zu reagieren wäre:

Das lockere Gehen an der Leine hat viel mit Konzentration zu tun. Kein Wunder also, dass ein Junghund Probleme damit hat. Nehmen Sie den Vierbeiner auf den Spaziergängen immer mal wieder an eine 5-Meter-Leine (verbunden mit einem gut sitzenden Geschirr). Wenn Sie an eine Wegkreuzung kommen, beginnen Sie mit Richtungswechseln. Wichtig dabei ist, dass Sie sich in keiner Weise um Hundi kümmern, sondern »stur« Ihren Weg gehen. Sie gehen immer in die Richtung, die Ihr Vierbeiner gerade nicht einschlagen wollte. Nach nicht allzu langer Zeit wird er zu Ihnen aufschließen. Das ist der Augenblick, in dem Sie sich ihm zuwenden und ihn loben. Aber bitte nicht einfach nur und permanent Leckerchen reinschieben! Es reicht ein freundliches Wort, setzen Sie Ihre Stimme ein. Überschwängliches Streicheln und Klopfen führen beim Jundspund wieder dazu, dass er sich nicht mehr konzentriert und anfängt herumzuhopsen. Dehnen Sie diese Übung nicht zu weit aus: Ist der Schnösel einige Male neben Ihnen hergelaufen, wenn auch nur für eine kurze Strecke, beenden Sie das Leinentraining. Auch dies ist eine Übung, für die Sie keine extra Zeit einplanen müssen, sie ist bequem in jeden Spaziergang einzubauen. Um hiermit jedoch eine bessere Leinenführigkeit zu erreichen, braucht es Zeit – und Ruhe. Damit Sie jedoch notwendige Wege mit Ihrer Fellnase absolvieren können, ohne dass ihre Oberarmmuskulatur trainiert wird und die Ausmaße der von Arnold Schwarzenegger annimmt, können Sie als Hilfsmittel zum Halti greifen.

Wichtig:

Lassen Sie sich bitte die Gewöhnung an das Kopfhalfter sowie das anschließende Handling von einem darin erfahrenen Hundetrainer zeigen, damit sich auch der erhoffte Erfolg einstellen kann. Junghunde, die austesten wollen, was sie sich erlauben können und was nicht, laufen ihren Zweibeinern nicht mal zufällig vor die Füße oder stellen sich quer, um den menschlichen Sozialpartner am Weitergehen zu hindern. Das geschieht in solchen Fällen auffallend häufig (oft in Verbindung mit dem »im Weg liegen« im häuslichen Bereich). Machen Sie es doch einfach wie ein souveräner, erwachsener Hund: Gehen Sie weiter, schieben Sie den Vierbeiner aus dem Weg und demonstrieren Sie, dass Sie nicht daran denken auszuweichen.

Zur Führung eines großen, kräftigen Vierbeiners kann der vorübergehende, gezielte Einsatz eines Haltis viele Vorteile bringen.

Achtung:

Weichen Sie Ihrem Hund nicht aus, sondern schieben Sie ihn zur Seite! Dabei sollten und müssen Sie ihm aber nicht auf die Füße treten! Nur zur Seite schieben, nicht mehr und nicht weniger.

Läuft der Hund ständig zwischen die Beine, obwohl gerade kein Dog-Dancing mit ihm trainiert wird, darf er getrost auch einfach weggeschoben oder aus dem Weg gedrückt werden. Ihm permanent auszuweichen, wäre falsch verstandene Höflichkeit.

Der Junghund und Artgenossen

Hundebegegnungen werden zusehends schwieriger. War der Hundekumpel sonst kaum zu bremsen, weil er Kontakt suchte und ein schönes Spiel erwartete, so kann es jetzt vorkommen, dass er bei Sichtung eines Vierbeiners langsamer wird, sich abduckt und, den anderen Hund fixierend, anschleicht. Dieses Verhalten wird unabhängig davon gezeigt, ob die Fellnase angeleint ist oder frei laufen darf.

Ebenso kann es passieren, dass der angeleinte Jungspund den anderen Hund fixiert, die Haare hochstellt und knurrt. Der absolute Supergau für den Hundebesitzer ist es natürlich, wenn der sonst so nette Fellgenosse unvermittelt einen Satz nach vorne in Richtung Kollege macht und einen für uns Menschen völlig unverständlichen Tobsuchtsanfall bekommt. Wieso hat er denn das nun gemacht? Der Versuch, den Hund zu beruhigen, schlägt fehl. Auch die Erklärung: »Das ist doch der Hektor, den kennst du doch, da hast du doch letzte Woche mit gespielt«, zeigt keinerlei beruhigende Wirkung.

Und wie zu reagieren wäre:

Das oben erwähnte »Beruhigen« des Hundes vermittelt diesem, dass er für sein Handeln gelobt wird. Für den Menschen oft schwer verständlich, denn er hat doch geschimpft, erklärt, »Nein«, »Aus«, »Pfui« gesagt. Warum sollte das jetzt ein »Lob« für den Hund sein? Ganz einfach, weil er Ihre Aufmerksamkeit und sozialen Kontakt zu Ihnen darüber erzielt! Und das bestärkt ihn leicht in seinem Handeln.

Abducken, Fixieren, Knurren – so kann das »Begrüßungsritual« bei einem Jungspund aussehen!

Entgegenkommende Artgenossen können massive Reaktionen beim »Schnösel« auslösen.

In seinen Augen gewonnen, der Kontrahent wurde vertrieben und zieht beeindruckt vondannen.

Sie erreichen also genau das Gegenteil von dem, was Sie eigentlich wollten. Bei Vierbeinern, die plötzlich nach vorne springen, ist das Halti ebenfalls eine gute vorübergehende Lösung, denn die für sie sonst erfolgsträchtigen Situationen können besser gemeistert werden und zu anderen Lerneffekten führen:

Mit dem »Theater an der Leine« haben unsere Hunde natürlich immer Erfolg – so oder so.

> Der angepampte Hund geht weiter, unsere Fellnase hat ihn also vertrieben = Erfolg!
> Der Kontrahent reagiert ebenfalls mit Bellen und/oder aversivem Verhalten, die Situation schaukelt sich auf = Erfolg!
> Zeigt der Kontrahent keine Reaktion, so kommt mit Sicherheit eine Bemerkung dessen Besitzers, der sich über Ihre »schreckliche Kampfmaschine« aufregt!

Bei sozial motiviertem Verhalten besteht der erzielte Erfolg darin, dass eine Abgrenzung des Sozialpartners bewerkstelligt wird. (Einzelheiten zum speziellen Training hierzu finden sich in unseren Büchern »So geht´s nicht weiter« und »Einfach gut erzogen«.)

Begegnungen Hund zu Hund sind risikobehafteter als eine reizabgewandte. Reagiert das Gegenüber dann auch aversiv, schaukelt sich die Situation leicht hoch.

Mit Halti sind brenzlige Situationen leichter zu bewerkstelligen. Jedoch sollte es kein Grund sein, ein gezieltes Training zu versäumen.

Wichtig:

Jedoch ist das Halti keine Entschuldigung und kein Ersatz dafür, nach der Ursache des (Fehl-)Verhaltens zu forschen und an dieser zu arbeiten (evtl. unter Zuhilfenahme eines Hundetrainers)!

In allen genannten Situationen ist der Hund der Agierende, und nun kommen Sie ins Spiel. Mit Sicherheit finden Sie solche Vorfälle unangenehm, sie führen stets zur Verunsicherung des Hundehalters. Diese Unsicherheit überträgt sich wiederum auf den Hund, was zur Verstärkung seiner Aggressionsbereitschaft führt. Die Leine ist dabei wie ein Stromkabel, das Ihre Anspannung an den Vierbeiner weitergibt.

Tipps:

Unsicher ist man eigentlich nur dann, wenn man nicht weiß, was zu tun ist. Deshalb hier einige Verhaltensmöglichkeiten in Begegnungssituationen mit anderen Hunden. Dies sind nur wenige Tipps, mehr würden den Rahmen dieses Buches sprengen. Die Kontaktaufnahme zu einem Hundetrainer ist bei weiteren Fragen und Problemen ratsam:

- Der 1. Plan könnte sein: Umdrehen und aus der Situation herausgehen. Dann hat man ausreichend Gelegenheit, sich das weitere Vorgehen zu überlegen.
- Der 2. Plan wäre, die Distanz zum anderen Vierbeiner zu vergrößern, indem man seine Fellnase auf die dem Reiz abgewandte Seite nimmt und noch ein paar Schritte zusätzlich ausweicht. Einen Bogen laufen ist unter Hunden sehr »höflich« und entspannt die Atmosphäre.
- Der 3. Plan besteht im Einüben eines Alternativverhaltens, z. B. mittels Etablierung eines Markerwortes wie »Guck mal«, wie wir es in unserem Buch »Einfach gut erzogen« beschrieben haben.
- Der 4. Plan: Binden Sie Ihren Hund allein an einen festen Pfahl, so dass Sie die Leine nicht mehr in der Hand halten. Das kann u. U. dazu führen, dass Hundi seine Aggressionsbereitschaft deutlich reduziert (denken Sie an das Bild mit dem Stromkabel und der Reizweiterleitung!). Diese Maßnahme darf nicht bei Hunden eingesetzt werden, die womöglich früher angebunden ausgesetzt wurden!

Manchmal hilft es, den Vierbeiner einfach kurzfristig anzubinden und sich von ihm zu entfernen, wenn er zu randalieren beginnen will.

Der Junghund und sein Wunsch nach ungeteilter Aufmerksamkeit

Auf gemeinsamen Spaziergängen trifft man hin und wieder Bekannte, mit denen es sich vortrefflich plaudern ließe. Dies ist nun nur noch begrenzt möglich, da der Halbstarke an der Leine überhaupt nicht einsieht stillzuhalten und abzuwarten, bis der Plausch ein Ende hat. Nur kurze Zeit gibt die Fellnase Ruhe, um dann zu fiepen, zu flöten und herumzuhampeln. Reicht das nicht aus, um die Aufmerksamkeit seiner Leute zu bekommen, dann wird angesprungen, gerempelt, gebellt und in die Leine gebissen. »Ich will action, verstehst Du das denn nicht?« Na endlich – Herrchen/Frauchen beenden das Gespräch, weil es unter diesen Umständen nicht mehr möglich ist, sich in Ruhe über die neuesten Tagesthemen auszutauschen.

Und wie zu reagieren wäre:

Es ist immer wieder erstaunlich, ja bald erschreckend, wie sich Menschen von ihren Hunden einschränken lassen. Hauptsache, der Fellnase geht es gut. Aber ist das dann wirklich so? Der Vierbeiner ist den ganzen Tag damit beschäftigt, seine Leute zu animieren, irgendetwas für ihn zu tun. Manche Hunde kommen dabei kaum zur Ruhe (ihre Menschen auch nicht). Das bedeutet Stress pur für alle Beteiligten – und Stress macht krank! Dies sollten Sie sich unbedingt vor Augen führen, damit Sie die Notwendigkeit erkennen, warum Sie Ihr Verhalten ändern müssen.

Wollen Sie sich unterhalten und Ihr Hund meint, das sei überflüssig, was er mit Fiepen, Flöten oder Bellen äußert, so nehmen Sie den nächsten stabilen Pfahl in einiger Entfernung (es reichen ein paar Meter), machen Hundi dort fest und gehen zu ihren Gesprächspartnern zurück. Ab jetzt wird alles aufmerksamkeitsheischende Verhalten des Hundes ignoriert und die Unterhaltung fortgesetzt.

Er will doch einfach nur spielen und findet es eben langweilig, wenn sein Mensch gerade etwas anderes lieber tun würde! Geht der Zweibeiner immer darauf ein, tanzt er bald nach Fiffis Launen.

Achtung:

Bei Tierheimhunden bitte erst abklären, ob diese Probleme mit dem Anbinden haben! Bei ehemals ausgesetzten Hunden kann es zur Panik führen!

Haben Sie aber lediglich einen dreisten Junghund, so demonstrieren Sie ihm damit, dass Sie alles tun, was Sie gerne wollen! Ist kein Pfahl o. Ä. in der Nähe, so stellen Sie sich so auf die Leine, dass der Hund Sie nicht anspringen kann. Setzt sich der Vierbeiner überrascht über die Eingrenzung hin, kommt selbstverständlich sofort das Lob (bitte wieder keine Leckerchen oder Streicheleinheiten, sondern nur die freundliche Stimme).

Wichtig:

Ignorieren ist eine gute Möglichkeit, um Verhalten auszulöschen.

Aber **Vorsicht:** Verhalten, das selbstbelohnend ist, wird dadurch **verstärkt.**

Zum besseren Verständnis:
Nicht selbstbelohnendes Verhalten liegt dann vor, wenn der Hund mit seiner Handlung eine Reaktion erreichen will, die ihm Vorteile bringt! Beispiel: Sie möchten telefonieren und der Hund bellt und bellt und bellt. Er möchte mit dem Bellen erreichen, dass Sie das Telefonat beenden und sich ihm zuwenden. Dieses Verhalten können Sie ignorieren. Keine Zuwendung > kein Erfolg > Auslöschen des Verhaltens.

Selbstbelohnendes Verhalten zielt nicht darauf ab, eine bestimmte Reaktion von außen zu erreichen! Der hinter einem Reiz herlaufende Vierbeiner (sei der Reiz nun das Reh, der Hase, der Jogger, das Auto oder Ähnliches) wird durch sein Tun bereits »belohnt«, da ihm dies ein gutes Gefühl vermittelt. Es ist völlig egal, ob er jemals in seinem Leben das gejagte Objekt der Begierde überhaupt fangen würde. Das Laufen und die Empfindung dabei reichen aus, um als Bestätigung und stets aufs Neue gesuchter Empfindungsstatus zu gelten. Das Verhalten des Hinterherlaufens wird verstärkt! Nicht ignoriert werden darf jegliches manipulatives Verhalten. Beispiel: Der erwachsene Hund oder Jungschnösel springt Sie an, pitscht Sie in die Arme und zwingt Sie dadurch zum Stehenbleiben. Erfolg > Er hat Ihre Bewegung eingeschränkt, Sie zum Stehenbleiben manipuliert. Dieses Verhalten **muss** korrigiert werden, ignorieren wird es verschlimmern!

Auch Hunde lassen sich nicht einfach so anspringen und bringen ihren Unmut durchaus zum Ausdruck.

Der Junghund und sein Wunsch nach Nähe

Die Familie sitzt gemütlich beim Fernsehen, natürlich ist der Hund dabei. Es dauert nicht lange, da läuft dieser zu einem der Zweibeiner, stupst ihn vielleicht an oder fängt an zu fiepen. Was ist denn nun schon wieder los? Wir waren doch gerade erst spazieren. »Bestimmt muss er noch mal `Pipi´, ich geh´ mit ihm schnell vor die Tür!« Natürlich muss der Vierbeiner nicht nach draußen, aber jetzt ist es für ihn nicht mehr so langweilig, und er sucht sich draußen ein Stöckchen oder eine andere Beschäftigung und scheint zufrieden, hat er doch sein Ziel erreicht.

Und wie zu reagieren wäre:

Das vorangehend geschilderte Verhalten kann man schlicht als aufdringlich bezeichnen. Der Hundehalter wird dadurch immer wieder zum Reagieren »gezwungen«. Auf Dauer führt das dazu, dass der Hund glaubt, er sei der Nabel der Welt – und so benimmt er sich dann auch. Lassen Sie sich nicht vom Vierbeiner manipulieren. Bestimmen Sie, wann und was passiert und vor allem, wann nicht.
Setzen Sie sich einmal mit der Familie zusammen und machen eine Aufstellung darüber, wann Sie auf den Hund reagieren – über die Häufigkeit werden Sie sich wundern!

Der Junghund und sein Wunsch dazuzugehören

Nun ist es Zeit zu Bett zu gehen, und die Kinder der Familie wollen Mama und Papa ein Gute-Nacht-Küsschen geben. Die Umarmung der Kinder geht der Fellnase gehörig gegen den Strich, sie drängt sich dazwischen, fiept oder springt sogar seine Menschen an. Und vielleicht ist sogar ein leises Knurren zu hören und ein schäler Seitenblick dabei auf die Kinder festzustellen. Ach so, ja, der Arme, er ist ja nur eifersüchtig! Wie niedlich!

Kinder und Hunde können tolle Teams darstellen, doch kommt es nicht selten zu Wettbewerbssituationen zwischen ihnen. Stets sind die Eltern gefordert, ein wachsames Auge auf die Gespanne zu halten.

Und wie zu reagieren wäre:

Diese Reaktion erfolgt nur, wenn dem Vierbeiner immer dann, wenn er es einfordert, Aufmerksamkeit gewidmet wird. Beispiel:
Er kommt und stupst den Menschen an
> sofort wird er gestreichelt.
Er bringt den Ball
> sofort wird dieser geworfen.
Er läuft zur Tür
> sofort wird er herausgelassen.
Seine Menschen gehen zur Toilette
> Hundi muss mitgehen.

Die Zweibeiner gehen unter die Dusche
> die Türe zum Badezimmer zu schließen ist unmöglich, weil der aaaaaarme Hund sich ja dann so einsam fühlt.
Beim abendlichen Zusammensein liegt die Fellnase fast immer zwischen seinen Menschen oder auf deren Füßen. Beobachtet man den Vierbeiner, so stellt man fest, dass dieser immer auf strategisch wichtigen Plätzen liegt: im Flur so, dass er alles überblicken kann, oder am Fenster, wo er die Passanten auf der Straße beobachten und natürlich auch kommentieren kann.
Das richtige Agieren des Menschen ist ganz einfach, fällt aber (zu) oft schwer, da wir Zweibeiner leicht der Ansicht sind, unser Hund hätte uns nicht mehr lieb, wenn wir uns nicht permanent um ihn kümmern! Keine Angst, dem ist nicht so ...

Deshalb:

- Sucht der Hund Kontakt, schicken Sie ihn ruhig einfach auch mal weg!
- Stupst er Sie an, um gestreichelt zu werden, ignorieren Sie ihn!
- Liegt er auf Ihren Füßen, schieben Sie ihn weg und schicken ihn auf seinen Platz! Bleibt er nicht zuverlässig dort liegen, befördern Sie ihn aus dem Zimmer oder binden Sie ihn (für kurze Zeit!) an seinem Platz fest. (Vorsicht mit dieser Maßnahme bei Hunden mit ungeklärter Vergangenheit, z. B. bei Tierheimhunden). Auch permanentes Korrigieren bedeutet nämlich Aufmerksamkeit.

Permanentes Korrigieren ist auch eine Form der Aufmerksamkeit. Besser ist es, den Hund einfach ins Platz zu bringen und etwas abseits abzulegen.

Wichtig:

Hunde sind soziale Lebewesen und brauchen natürlich auch die Nähe zum Menschen und zu Artgenossen. Hier gilt aber wiederum: Wann was und in welcher Intensität stattfindet, das entscheiden Sie!

Der Junghund und sein Wunsch Raum zu beanspruchen

Im häuslichen Bereich ist unser pubertierender Vierbeiner auch sehr einfallsreich. Der Durchgang zur Küche, hat er sich überlegt, gehört ab sofort ihm. Die geplagte Hausfrau hat ihre liebe Mühe, schadfrei in ihr Reich zu gelangen, versperrt doch der Jungspund quer im Weg liegend effektiv den Durchgang. Aber ist es nicht schön, dass der Hund einem so bedingungslos vertraut und man über ihn drübersteigen kann? Mit einem vollen Tablett oder einem Wäschekorb ist das aber nicht so einfach, ein junger, dynamischer, gelenkiger Hundehalter kriegt das sicherlich noch hin. Doch der Rest?

Ein Blick genügt, um den im Weg liegenden Junghund zu verunsichern. Wenn der Althund den Durchgang beansprucht, hat der Schnösel zu weichen.

Irgendwann ist der Zweibeiner dann aber so genervt, dass er, nun noch mit aufgestautem Frust, weil doch bei den sportlichen Hindernislaufeinlagen im Haus mal was gefallen ist, den Hund verärgert ruppig zum Aufstehen auffordert. Dieser denkt jedoch gar nicht daran, diesen ihm wichtigen Platz zu verlassen und demonstriert: »Ich habe nichts gehört.« Stupst der gereizte Hundehalter nun seinen Schnösel an, so kann es durchaus passieren, dass die Fellnase mit einem dezenten Knurren und eventuellem »Naserümpfen« antwortet. Allgemeines Entsetzen in der Familie über dieses aggressive Verhalten! Was ist nur los mit Lumpi, bestimmt hat man ihm wehgetan, denn sonst hätte er niiiiiiemals geknurrt ... Man entschließt sich dann, lieber wieder über den Hund zu steigen, weil das ja alles in allem super klappt.

Und wie zu reagieren wäre:

Wie bei der bereits beschriebenen Couchaktion, so ist es auch hier besser, wenn man den Vierbeiner austrickst. Gehen Sie in ein anderes Zimmer und tun so, als sei da etwas ganz Spannendes. Neugierig, wie ein Jungspund nun einmal ist, wird er nachschauen kommen, was da los ist. Bingo, der Platz ist frei, Sie haben erreicht, was sie wollten, und können ungehindert ihres Weges gehen. Ähnliche Austricksereien gibt es übrigens auch durchaus zwischen Hunden untereinander! Der ein oder andere Mehrhundehalter wird sich schmunzelnd an diverse zu beobachtende Begebenheiten erinnern können.

Oder sie werfen ein Leckerchen in ein anderes Zimmer. Steht Hundi nun doch auf, um das Schmankerl zu erbeuten, kommt das Kommando »Auf« oder »Ab da«. Bei konsequentem Training wird der Vierbeiner auf Dauer auf dieses Kommando (auch ohne Leckerchenwurf!) seine belagerten Plätze räumen. Es sei denn, da stimmt noch so einiges andere in der Mensch-Hund-Beziehung nicht, was die Ratsuche bei und genaue Analyse durch einem/n Hundetrainer sinnvoll machen würde!

Mit einem Beuteobjekt erzielt man bei den meisten Hunden Aufmerksamkeit! Diese Tatsache nutzen auch Hunde untereinander, um sich situativ gegenseitig regelrecht auszutricksen.

Der Junghund und die Befehlsverweigerung

Mein Gott, ist der stur! »Platz!« – und nichts passiert! Der Hundehalter ist völlig irritiert. Wieso macht sein Vierbeiner denn nicht das, was er schon viele Wochen vorher zuverlässig gezeigt hat. Bestimmt ist er abgelenkt, weil neben ihm ein besonders netter Hund steht. Oder es ist so, dass er Hunger hat. Irgendeinen Grund muss es doch geben, dass auf ein Mal das Kommando nicht mehr funktioniert! Bestimmt hat die Fellnase die Anordnung nicht gehört. Also wird es noch mal versucht mit mehr Nachdruck. »Plaaaatz!« Die Stimme schwillt an (die Halsschlagader auch ...), tief Luft holen: »Plaaaaaaaaaatz!« Das hat jedoch lediglich zur Folge, dass Hundi sich, nach der Meinung seines Menschen, demonstrativ umdreht und in eine andere Richtung schaut. Verzweiflung und Wut machen sich breit. Geschieht das ganze Szenario auch noch auf dem Hundeplatz oder in der Gruppe einer Hundeschule, dann wünscht sich der Betroffene nur noch, die Erde möge sich auftuen und er darin verschwinden können, weil natürlich alle Zweibeiner diese Aktion beobachten.

Befehlsverweigerung zu Gunsten verschiedenster Clownereien oder dickfälliger Sturheit. Welcher Besitzer eines Junghundes kennt das nicht?

Bemerkungen wie: »Dein Hund ist einfach zu dominant« oder »Ach, lass ihn doch einfach, morgen klappt es bestimmt wieder« sind nicht gerade dazu geeignet, dem verwirrten Menschen und seinem pubertierenden Hund Hilfestellung zu geben. Schnell wird dann die Übung abgebrochen, um nur ja zügig aus dem Fokus des Interesses herauszukommen und nicht mehr so peinlich im Mittelpunkt zu stehen.

Viele Hundehalter kommen in diesen Momenten auch auf die Idee, die Leckerchen aus der Tasche zu holen, um dem »Kommandoverweigerer« eine ihrer Ansicht nach notwendige Motivation zukommen zu lassen. Und siehe da, Hundi wirft sich zügig auf den Boden, um dort die Belohnung in Empfang zu nehmen. Dies zaubert ein erleichtertes Lächeln auf das Gesicht des Zweibeiners: »Na bitte, geht doch!« In den nächsten Wochen wird so weiter verfahren. Es dauert gar nicht lange, bis der Vierbeiner auf das Kommando »Platz« sofort Richtung Leckerlitasche schaut und mit einem unmissverständlichen Blick sagt: »Ohne Leckerchen mache ich gar nichts mehr!« Aber das ist vielen Hundehaltern egal, sie rüsten ihre Futterbeutel und Bauchtaschen auf, links die Fleischwurst, rechts die Pansenstreifen und in der Mitte für den alleräußersten Notfall noch den Gouda. Dumm nur, wenn einmal die Tasche zu Hause vergessen wurde, dann sieht der Vierbeiner überhaupt nicht ein, warum er denn das Verlangte nun trotzdem tun soll.

Und wie zu reagieren wäre:

Diese vorbeschriebenen Zweibeiner bemerken nicht, dass sie sich zum Futterautomaten degradieren lassen und von der Fellnase nach allen Regeln der Kunst manipuliert werden! Aber was soll denn der Hundehalter machen, wenn (bleiben wir einmal bei dem Kommando »Platz«) der vierbeinige Gefährte auf »Durchzug« schaltet?

Ganz wichtig in der Zeit des Erwachsenwerdens ist es, dass darauf geachtet wird, dem Hund nicht zu häufig und nicht zu oft hintereinander Anordnungen zu geben. Im Prinzip ist es wieder wie bei der Welpenerziehung: Zuerst einmal muss ohne große Ablenkung geübt werden, auch die Dinge, die eigentlich bereits beherrscht wurden. Und, wie gesagt, besonders wichtig: Nur ganz wenige Wiederholungen, manchmal reicht **ein** gut durchgeführtes Kommando völlig aus.

Aber was macht der Hundehalter, wenn Hundi sich verweigert? Wir haben oft den Eindruck, dass die Junghunde, regelrecht austestend sich fragen: »Was fällt Herrchen oder Frauchen denn alles so ein, wenn ich jetzt mal nicht mache, was die mir sagen?!« Und es ist in der Tat ein Austesten, ein Kräftemessen gemäß der Menschen-Teenager-Reaktion: »Pöh, und was passiert, wenn ich Dies oder Das nicht tue?« Für diese Situationen muss der Besitzer eine Lösung haben, denn es muss ja eine Antwort auf diese Frage geben. Und wäre die antwortende Reaktion, dass nichts passiert, hätte der Hund den Punkt auf seiner Seite, die Tests gehen weiter, das erfolgsgekrönte Sich-Widersetzen wird in den unterschiedlichsten Situationen Wiederholungen finden.

»Kommando ´Platz´ kenne ich nicht, habe ich noch nie gehört! Und was machst Du, wenn ich einfach sitzenbleibe?« Hundebesitzer sollten stets einen Plan B »in petto« haben.

Eine denkbare Vorgehensweise wäre, zuerst das Kommando »Sitz« zu geben. Dies klappt in den meisten Fällen ohne große Komplikationen. Aus der Sitz-Position wird der Hund in die Platz-Position geführt. Befolgt er dies, wird er bestätigt und gelobt. Wird nun aber das »Platz« verweigert, nimmt der Zweibeiner die Leine zur Hilfe und führt den Hund Richtung Boden. Und zwar soweit, dass es für Hundi unbequem ist, sitzen zu bleiben. Ist der Hund nicht allzu groß, kann man ihn auch umschupsen. Sobald er sich gelegt hat, was meist

nicht lange dauert, wird mit freundlicher Stimme gelobt. Auch kann das dezente, aber konsequente Po-Anschubsen nötig sein, wenn der Vierbeiner der Ansicht ist, dass das Kommado »Sitz« doch nicht ausgeführt werden muss.
Ja, das ist Zwang! Schließlich sind in letzter Konsequenz auch bereits Halsband oder Geschirr und Leine schon »Zwang«. Wir hören schon die entsetzten Aufschreie mancher Anhänger der »sanften« Hundeerziehung, die selbst in einer solchen Maßnahme schon Auswüchse roher Gewalt sehen, die unbedingt abzulehnen und anzuprangern sind. Aber wir sind der Meinung, dass eine Hundeerziehung gänzlich ohne Zwang unrealistisch und nicht zuverlässig ist. Wobei Zwang etwas gänzlich anderes ist als Gewalt, was wir hier deutlich unterstreichen wollen und müssen. Gewalt hat sicherlich in der Hundeerziehung nichts zu suchen, wie grundsätzlich in Erziehung und Anleitung nicht. Unter Hunden geht es häufiger recht ruppig zu – und trotzdem werden enge Bindungen eingegangen (siehe Abschnitt »Bindungsbegriff«, Seite 70).

Wichtig:

Besonders wichtig aber ist gerade in der Flegelphase, dass sie es wirklich bei einigen wenigen Übungen belassen. Verfallen Sie nicht in den Fehler, nun alles bisher Gekonnte gebetsmühlenartig immer und immer wieder üben zu müssen.
Hier gelten ganz besonders die Worte: **weniger ist mehr**. Auch wenn Sie jetzt nicht jeden Tag und bei jedem Spaziergang mit ihrem Hund üben, üben und üben, er wird nicht alles vergessen. Im Gegenteil, durch ein Training, bei dem die Motivation noch da ist, lernt er besser und sicherer, Bekanntes wieder durchzuführen. Also seien sie mit wenigen gut gemachten Übungen zufrieden. Und wenn sie bemerken, dass der Jungspund einmal wirklich nicht gut drauf ist (weil ihm mal wieder seine Hormone im Wege stehen), dann trainieren sie eben an diesem Tag überhaupt nicht.

Schlussbemerkung

Zugegeben, so richtig »lustig« ist die Zeit der Pubertät beim Hund (wie auch beim Menschenkind) nicht wirklich, entspannt und reibungslos verläuft der Alltag in den seltensten Fällen. Aber bedenken Sie: Es ist ein Lebensabschnitt, ohne den die Entwicklung zum erwachsenen, ausgereiften Individuum nicht möglich ist. Nach einer gewissen Zeit werden Sie in der Rückbetrachtung über die ein oder andere »Kapriole« Ihres Vierbeiners schmunzeln oder sich erstaunt fragen, wie der nette, unkomplizierte Hund von heute noch vor einiger Zeit ein so »eklig Durchgeknallter« sein konnte. Oder aber Sie haben alle Probleme der Flegelzeit schnell verdrängt: »Meiner war nie so!« Vielleicht sind Sie ja wirklich glimpflich durch die Sturm- und Drangphase gekommen, es sei Ihnen gegönnt. Vielleicht befinden Sie sich mit Ihrem Fellknäuel aber auch gerade in dieser »heißen Phase«. Wenn unser Buch Ihnen dann den ein oder anderen Tipp geben konnte, Ihnen hier oder da eine Hilfestellung geboten hat, das würde uns sehr freuen!

In diesem Sinne danken wir allen unseren eigenen Hunden und denen unserer Kunden, die uns mit den mannigfaltigen »Auswüchsen« der Jugendzeit konfrontierten und uns lernen ließen. Ohne diese Erfahrungen wäre das Buch sicherlich nicht entstanden. Ein herzliches Dankeschön an alle, die uns für Fototermine zur Verfügungen standen und mit ihren Anregungen und Fragestellungen zum Inhalt beitrugen. Und, wie gewohnt, eine virtuelle Streicheleinheit für unsere Vierbeiner, die Slovenský Čuvač Inuit Bär, Jazz-Jakuta Bär und Lolle Bär vom Wolfshorn und die ungarischen Kuvasz Nelly, Odessa, Schnuppe, Shani und Taruna von Anka.

Quellen und Tipps zum Weiterlesen

Feddersen-Petersen, Dr. Dorit Urd,
»Hundepsychologie«,
Stuttgart, 2004

Gansloßer, Dr. Udo,
»Verhaltensbiologie für Hundehalter«,
Stuttgart, 2007

Gansloßer, Dr. Udo (Herausgeber),
»Hunde aus dem Ausland«,
Fürth, 2011

Gansloßer, Dr. Udo/Krivy, Petra,
»Verhaltensbiologie für Hundehalter – Das Praxisbuch«,
Stuttgart, 2011

Griebel, Ann-Sophie/Krivy, Petra,
»Ein Hund aus zweiter Hand«,
Stuttgart, 2011

Krivy, Petra/Lanzerath, Angelika,
»Einfach gut erzogen«,
Stuttgart, 2010

Krivy, Petra/Lanzerath, Angelika,
»Hunde verstehen«,
Stuttgart, 2010

Krivy, Petra/Lanzerath, Angelika,
»So geht´s nicht weiter«,
Stuttgart, 2009

Krivy, Petra/Lanzerath, Angelika,
»Was ein Welpe lernen muss«,
Stuttgart, 2009

Nützliche Adressen

Hundeschule »Tatzen-Treff«
Petra Krivy
Zur Grube 2
57399 Kirchhundem
Telefon & Fax: 02764-7706
E-Mail: info@tatzen-treff.de
www.tatzen-treff.de
Slovenský Čuvač Zucht »vom Wolfshorn«
www.cuvac.de

Hunde-Farm »Eifel«
Angelika Lanzerath
Von-Goltstein-Str. 1
53902 Bad Münstereifel
Telefon & Fax: 02257-7728
E-Mail: kedvesmomo@t-online.de
www.hundefarm-eifel.de
Kuvasz Zucht »von Anka«
www.kuvasz-von-anka.de

Fotografische Impressionen »Kurvenbilder«
Oliver Pohl
An der Bahn 23
57223 Kreuztal
E-Mail: mail@kurvenbilder.de
www.kurvenbilder.de

»Hunde-Fotoshooting«
Barbara Mielewczyk
Theobaldstr. 42
45327 Essen
E-Mail: webseite2011@hundefotoshooting.de
www.hundefotoshooting.de

Autorenportraits

Petra Krivy wird seit Kindheitsbeinen an von Hunden begleitet, vom reinrassigen Langhaardackel »Teddy« über diverse Mischlinge. Anfang 1980 lernte sie die slowakische Hirtenhundrasse Slovenský Čuvač kennen. Ihr blieb sie bis heute treu, züchtet sie seit 1989 unter dem Namen »vom Wolfshorn«. 1999 begründete sie ihre gewerblich geführte Hundeschule »Tatzen-Treff« im Kreis Olpe, wo sie auch als externe Sachverständige für öffentliche Stellen fungiert. Sie schreibt Fachartikel, ist Buchautorin, gefragte Referentin und Spezialzuchtrichterin. Als Hundetrainerin widmet sie sich schwerpunktmäßig der Mensch-Hund-Beziehung, leistet Hilfestellung beim Umgang mit verhaltensauffälligen Hunden und gilt seit Jahrzehnten als Expertin für Herdenschutzhunde.

www.tatzen-treff.de

Angelika Lanzerath lebte schon als Kind mit Hunden zusammen. Heute sind es immer mehrere Kuvasz-Hündinnen, die sie begleiten. Von der Persönlichkeit dieser Herdenschutzhunde fasziniert, züchtet sie diese mit großer Passion seit 1980 unter dem Namen »von Anka«. 2002 übernahm sie die Hunde-Farm »Eifel«, Abteilung Erziehung, von Günther Bloch. Sie ist anerkannte Sachverständige und sieht sich als Dolmetscher zwischen Mensch und Hund. Unzähligen Mensch-Hund-Teams konnte sie schon Hilfestellung geben. Aufgrund der langen Erfahrung in Haltung, Erziehung und Zucht gilt sie als Expertin für Herdenschutzhunde. Sie ist im Expertenteam von »pet-group« und hält bundesweit Seminare und Vorträge zu Themen rund um den Hund.

www.hundefarm-eifel.de

Unsere Erfolgsreihen auf einen Blick

Die Reitschule

Heinrich Bergmann-Scholvien, **Arbeit an der Doppellonge**, ISBN 978-3-275-01805-5
Urte Biallas, **Bodenarbeit**, ISBN 978-3-275-01708-9
Kerstin Diacont, **Grundkurs Sitz und Hilfen**, ISBN 978-3-275-01707-2
Kerstin Diacont, **Dressur für Fortgeschrittene**, ISBN 978-3-275-01749-2
Angelika Schmelzer, **Pferde erziehen**, ISBN 978-3-275-01709-6
Angelika Schmelzer, **Reiten im Gelände**, ISBN 978-3-275-01748-5
Britta Schön, **Hufschlagfiguren und Lektionen E bis A**, ISBN 978-3-275-01728-7
Britta Schön, **Mein erster Turnierstart**, ISBN 978-3-275-01777-5
Sabine Schweickert, **Fahren für Einsteiger**, ISBN 978-3-275-01803-1
Viviane Theby, **So lernen Pferde**, ISBN 978-3-275-01804-8
Sigrid Weppelmann/Sandra Mensmann, **Longieren**, ISBN 978-3-275-01727-0
Sigrid Weppelmann, **Basispass Pferdekunde**, ISBN 978-3-275-01750-8
Inga Wolframm, **Angstfrei reiten**, ISBN 978-3-275-01729-4
Inga Wolframm, **Springen für Einsteiger**, ISBN 978-3-275-01776-8

Die Hundeschule

Annegret Bangert, **Begleithundprüfung**, ISBN 978-3-275-01779-9
Ann-Sophie Griebel, **Clicker-Training**, ISBN 978-3-275-01714-0
Micaela Köppel, **Spiel und Spaß für jeden Tag**, ISBN 978-3-275-01732-4
Petra Krivy/Ann-Sophie Griebel, **Ein Hund aus zweiter Hand**, ISBN 978-3-275-01780-5
Petra Krivy/Angelika Lanzerath, **Was ein Welpe lernen muss**, ISBN 978-3-275-01689-1
Petra Krivy/Angelika Lanzerath, **Hunde verstehen**, ISBN 978-3-275-01756-0
Petra Krivy/Angelika Lanzerath, **Einfach gut erzogen**, ISBN 978-3-275-01731-7
Petra Krivy/Angelika Lanzerath, **So geht's nicht weiter**, ISBN 978-3-275-01713-3
Petra Krivy/Angelika Lanzerath, **Mein Hund im Flegelalter**, ISBN 978-3-275-01810-9
Uta Reichenbach/Tanja Sinner, **Agility**, ISBN 978-3-275-01660-0
Uta Reichenbach/Gabriele Lehari, **Sinnvolle Beschäftigung**, ISBN 978-3-275-01645-7
Monika Schaal/Ursula Breuer, **Komm zu mir!**, ISBN 978-3-275-01623-5
Monika Schaal/Ursula Daugschieß-Thumm, **Lockere Leine**, ISBN 978-3-275-01621-1
Julia Schuster/Jochen Schleicher, **Dog Frisbee**, ISBN 978-3-275-01755-3
Beate Schwarz, **Dummy-Training**, ISBN 978-3-275-01690-7
Manuela van Schewick, **Apportieren mit Spaß**, ISBN 978-3-275-01754-6
Christiane Wergowski, **Alleine bleiben**, ISBN 978-3-275-01659-4

happy cats

Nina Ernst, **Willkommen Katze**, ISBN 978-3-275-01781-2
Nina Ernst, **Zufriedene Stubentiger**, ISBN 978-3-275-01760-7
Gabriele Müller, **Miau – Katzensprache richtig deuten**, ISBN 978-3-275-01782-9
Gabriele Müller, **Katzenspiele**, ISBN 978-3-275-01811-6

Jedes Buch mit 96 Seiten,
ca. 80 Abb., broschiert,
je **€** 9,95/sFr 18,90/**€**(A) 10,30